U0142267

海巡應用科技

Applied Technology in Coast Guard Missions

吳東明 著

五南圖書出版公司 印行

王　序

　　鑑於墨西哥灣漏油事件，美國總統歐巴馬宣布加強管理海洋、海岸和五大湖 (Great Lakes) 的國家新政策。根據這個政策，美國政府要設立新的國家海洋事務協調會 (National Ocean Council)，統合涉及環保和海洋規劃事務的聯邦機構；以整合政府資源，檢視現行制度下，海洋開發可能引發的潛在危機，並強化政府管理能力以滿足海洋事務的各種需求。

　　上述美國歐巴馬總統的主張，與近年來世界各國為掌握海洋開發、擴大管轄海域空間，以尋求更廣大的海洋利益，莫不積極投入各項資源，拉高政策思維格局之趨勢不謀而合，可見未來各國海洋政策走向，已逐漸朝向有效管理與資源維護；而我國鄰近之日本、韓國及中國大陸，也都提出新的海洋策略及發展措施。我國由於地緣因素，周邊海域情勢複雜，西方及南方海域有周邊國家走私偷渡及疫病入侵等威脅，北方、東方及南方海域，則有主權及海域劃界爭議，再加上東海油氣田、東沙生態資源及新興能源等來自海上威脅與衝突議題，均挑戰我國對海洋權益的處置能力。

　　吳教授東明針對此一海洋發展趨勢，提出我國海岸巡防署的海巡執法因應作為之邏輯思維，並參考歐美、印度等國家之作法，加以深入研究，將研究成果，撰擬專書「海巡應用科技」，提供相關機關做為制定政策之參據，殊值肯定與嘉許。

　　吳教授曾先、後任職於中國造船公司（民國 86 年更名為台灣國際造船公司）及聯合船舶設計發展中心，並公費留學英國完成格拉斯哥大學造船暨海洋工程博士學位，為國內造船及海洋工程界少數結合產業實務與嚴謹學術薰陶的佼佼者。學成歸國後，到中央警察大學（水上警察

學系）任教，致力於海巡人才之培育；期間並擔任本署「海洋事務研究委員會」委員，針對海難救助、海域安全、海巡裝備提升等實務議題進行深入研究，其精闢之研究成果，提供本署推展海洋事務政策之重要依據。

「海巡應用科技」一書，計分六章，內容包含國際間區域性港口國管制制度現況與研究、由美國海岸防衛隊21世紀之願景觀我國海岸巡防組織功能的前瞻與發展、印度實施專屬經濟海域監控的策略作為借鏡、美國海軍調查研究作業船與歐盟多任務功能海巡船艦設計研析及美國海岸防衛隊「深水計畫」重要研析心得，每一章節均與本署「海域執法」、「海事服務」、「海洋事務」三大核心任務息息相關。在「藍色革命、海洋興國」國家政策與本署「強化海巡編裝發展方案」大力推展之際，書中的寶貴意見及各項建言，對海巡工作現況發展與未來願景，具有重大指標意義。

茲值「海巡應用科技」付梓之際，感謝吳教授長期以來對於國家海巡人才培育及對海洋事務的貢獻，期盼本書的發行，能凝聚國人「尊重海洋、關懷海洋」的共識，結合產、官、學界，共同應用科技，善盡國際社會責任，扮演好藍色國土守護者的角色，以維護海洋環境永續發展。

行政院海岸巡防署　署長　王進旺　謹序

99 年 7 月 27 日

李　序

　　東明教授大學部畢業於國立交通大學航海暨輪機工程學系，後於國立台灣大學工程科學暨海洋工程研究所攻讀碩士學位，畢業後服國防工業役，任職於中國造船公司高雄總廠、台北總公司及聯合船舶設計發展中心等。後奉經濟部國營會派赴英國公費留學，隨後再獲英國 Overseas Student Awards 及格拉斯哥大學 Postgraduate Research Scholarships 等獎學金支助，完成博士學位。產業實務加上嚴謹學術之薰陶，使他本業專精、學識淵博，更難得是那濃濃的海洋情懷與社會關懷。

　　學成歸國後，他並不隨波逐流的擠進名門大學任教，而是有感於傳統上利用海洋的觀念已被永續經營海洋所取代，而所謂藍色國土亦不斷向外延伸，公海自由不再，維護我國海洋之秩序與權益日愈重要；而且台灣之利基來自海洋，災害威脅也源自海洋，台灣必須重新面對海洋，因此東明教授選擇到警察大學任教，致力於水上警察與海巡人力所需幹才之培育外，另外他亦勤於學術研究，指導研究生對海域執法、海難救助、海域安全、海巡裝備……等課題進行深入研究，其精闢之研究成果及其與國內外交流頻繁之心得，均透過諮詢服務，幫助政府相關單位。

　　本書「海巡應用科技」即是其中之一，其內容有為防止海上船隻航行意外或發生海難事故、油料或有害物質之外漏等而實施港口國管制之世界最新發展趨勢，另外有新世紀美國海岸防衛隊之願景、印度經濟海域監控策略之借鏡、美國海軍調查研究作業船型設計介紹、歐盟多任務功能海巡船艦設計之研析、以及美國海岸防衛隊設備系統之研析等。本書對國際、國外海事服務及配備之研析，可作為國內之參考；特別是中華民國行政院海岸巡防署自 2000 年成立以來，在海域執法、海事服務、海洋事務等雖然成績斐然，符合國人之期待，但是成立 10 年來猶

如進入學齡之兒童，其組織與配備之發展、任務之精進等皆須學有專精之學者指出方向與改進的方法，進而付諸參考實行。

當然任何一種制度或方法是不宜全盤移植的，就像過去我國氣象學者及相關單位之氣象預報引進美國先進預報模式一樣，地大物博的美國，其房子不向高空發展，故結構較不堅固，因此其颱風災害通常是風害，而台灣房子均是鋼筋水泥結構，不怕強風襲擊，倒是夾帶豐沛水氣的颱風，遇到地形複雜的台灣，所引發之強降水及土石流讓國人吃足了苦頭；但是過去我們人力、物力投注不足，讓我們必須學習美、日等先進國家之颱洪預報技術，我覺得這像極了我國海域安全執法與海巡裝備之發展。

平心而論，四面環海之台灣，海域天然災害頻發，海難事件自然多，而兩岸特殊關係也使海上槍毒、走私偷渡未曾間歇，海域汙染與海洋生態環境保育之違反事件亦層出不窮，更面臨了海洋利用、秩序維持、以及海洋權益維護問題，在台灣之北，日本頑強主張釣魚台之領土主權，與中日韓存有魚權糾紛，在南海與大陸、越南、菲律賓、馬來西亞等國一直有領海與資源開發之矛盾存在，西岸與大陸、東岸與日本也是紛爭不斷，所以我國海巡事務較之美國多元與複雜是可以肯定的。

希望本書的付梓能發揮它山之石可以攻錯之效，也誠摯的祝福東明教授，再接再勵鑽研海巡航運學術，並以樸實的筆觸，為海運、海巡科技繕寫熱情。

國立臺灣海洋大學校長

99 年 7 月 20 日
於校長室

自　序

　　早年服國防工業役，初任中國造船公司助理工程師，從電焊鐵工做起，現場施工、設計繪圖、工程管控、品質保證、業務談判、專案管理、新船試航、修船承攬，乃至國際訂單洽辦等工作，皆有完整的學習訓練經歷。後奉經濟部國營會派，遠赴工業革命肇始英國，歷史悠久的格拉斯哥大學研修海洋工程學理及海域結構平台實務。俯仰西方科技文明，開闊國際宏觀視野，誠有打通任督二脈，渾然天成之功。更能深切體驗歐洲實事求是、不假虛華的踏實文化本質。

　　政策更替、人事異動、美夢難償，倖賴 Professor Douglas Faulkner 強力保薦，獨得英國國家 Overseas Student Awards 及格拉斯哥大學 Postgraduate Research Scholarships 等完全獎學金支助，並且以修業卓越研究成果，提前取得工學博士學位。同時先後獲得英國皇家工程技師、美國國家工程技師、歐盟國際工程技師、美國名人傳記協會二○○八臺灣傑出貢獻獎 (ABI, U.S.A.)、英國劍橋名人傳記學會二○○一海洋工程名仕獎 (CBI, U.K.)、美國名人傳記協會海洋工程專業傑出名仕獎 (ABI, U.S.A.) 等。通過生命中兩次失業考驗，從而再度開啓嶄新生命契機，實現童年歷歷在心的終身志願。

　　完成英國工學博士後，即迅速整頓行囊，心中獨抱「皇天后土、吾土吾民」的熱忱，學以致用、服務人群、報效國家的初衷。時日已遠，浮沈迄今，惟午夜夢迴之際，赤子丹心仍是澎湃不已。惚惚歷經近卅年的軍、文、警三種不同組織文化洗煉，融會學習個中精華，祛蕪存菁、饒有心得，自成「當思弱水三千，取一瓢飲，足矣」隨緣態度。接受自然科學的工程科技微觀訓練，浸泳社會科學的文法行政宏觀薰陶，豁然開朗怡然自得。

正值我政府高倡「藍色革命、海洋興國」的海洋政策時，大丈夫身逢此時，備有多年海洋學經實務職能，自當戮力以赴，貢獻國家社稷。然年過半百，齒搖髮禿，「廉頗老矣，尚能飯否？」最終仍願自我淬勵，日新又新，心存誠圓，放眼國際，成就海巡。因此利用教授休假期間，嘗試彙整若干從事海巡事務研究心得，以分享海巡志業同好。至於本書內容概述如後：

在第壹章中，說明港口國管制制度的設置宗旨及工作目標。有關港口國管制的實施，則必須港口國本身係國際相關公約的會員國，並且依照相關公約的規定，制訂發佈國內法規。同時其所規定之細則必須通告國際海事組織，並且依序公佈通知公約的其他締約國，方得以正式承認適用。有鑑於現今我國推行港口國管制並不容易，相較於國際社會在港口國管制制度的蓬勃發展，對於我國海事安全及環境保育等工作實在堪慮。

自從我國海岸巡防法通過公佈實施後，海岸巡防署銜命擔負維持我國海域警衛保安、犯罪偵查、海難搜救、油污防治、航行安全及環境保育等執法要務。因此特別針對現今國際間各項相關港口國管制協議，及相關國際公約等予以介紹，並且深入淺出探討其與海巡執法事務關聯性，及相關現今海巡應用科技設備等。從而分析我海岸巡防署的組織目標、應用科技、勤務規畫及執法效能等，期能在我國未來港口國管制制度推動上，能有所助益。

在第貳章中，我國海岸巡防署成立迄今已有年餘，惟其組織架構、功能、目標及人事任用等關鍵要務仍待迫切改善調整。經由審慎研析評估後，謹以美國海岸防衛隊為見賢思齊借鏡，期能為我國海域巡防及執法等事務規畫提供若干有益建議。美國海岸防衛隊即將邁入第三個世紀，其預估廿一世紀任務趨勢，即未來海上任務性質不變，仍將以國家利益為導向，推展美國海岸防衛隊主要三大重要價值任務，即為強化多

任務資產能量、軍事武力紀律及國家利益等為基礎。

美國海岸防衛隊的多功能任務必須擁有制式能量裝備及編制能力人才等，方能有效遂行海洋任務。另先進艦艇、航空器及指管通情系統等科技設備不可能替代積極、奉獻及為人服務的高尚情操。高維修率的艦艇及航空器等，亦無法提昇海上執勤效率，並且老舊電子偵蒐設備亦無法傳送「真時」資訊情報。因此美國海岸防衛隊必須審慎研擬未來任務的制式裝備功能提昇方案，以因應未來多元化的海洋事務挑戰。

因此美國海岸防衛隊提出「整合深水計畫」，整合艦艇、航空器及指管通情系統等，並與美國海軍戰略能量相互支援融通，成為美國第五軍種。在和平時期擔任海域執法任務，在作戰時期積極遂行支援美國海軍遂行軍事任務。職以戒慎恐懼心情，審慎研析討論現存組織功能問題，亦提供若干專業建議，以為我國正邁步成長中的海岸巡防署組織功能發展規畫有所參考。

在第參章中，依據西元一九七六年間，印度政府所制定的海域法，與西元一九八二年聯合國所制訂的國際海洋法公約等兩大法案，正式賦予該國家一個相當寬廣遼闊的專屬經濟區水域。事實上，其亦使印度成為印度洋 (Indian Ocean) 週遭僅次於澳大利亞 (Australia) 及印度尼西亞 (Indonesia) 等兩國的第三大國，其概估擁有二二〇萬平方公里等管轄海域。

在西元一九八二年間，印度政府亦正式參與聯合國，簽署一九八二年國際海洋法公約，並且在西元一九九五年六月間正式遵循其第十一部份條文規定實踐之。印度亦透過 9 個雙邊與 3 個三邊等對談協商會議，印度所屬海上邊界已與在五分之四對面海岸的鄰近國家，均達成明確界定。

其海岸防衛隊的現有組織編制員額、海巡艦艇及航空器等配置現況，均有簡明扼要說明。另對於其海域監控科技發展趨勢，諸如無人空中載具應用及人造衛星科技設備研發等海巡科技應用展望亦見長足進

境。再者我國專屬經濟區海域的監控科技發展規畫擇要說明，並且進行兩國海岸防衛隊的海域執法要素優劣比較分析，進而實施現況缺失探討、分析、結論及建議等。

在第肆章中，介紹現今美國海軍從事海洋科學研究調查工作的主要海上載具之一的提亞哥斯級六○型海洋調查研究作業船。此處僅就該特種船型的任務需求及設計性能等作一概括性敘述。再將該設計船型的主要尺寸特徵數據資料、船型構造輪廓、輪機、甲板艤裝、住艙艤裝及任務應用電子系統艤裝等方面的設計構想略加說明。並且特別將該海洋調查研究作業船型設計中的精要部份，諸如輪機電力供應及推進系統、任務用途的甲板機械系統、船上一般佈置及住艙設計、任務用途的電子裝備系統等項目，作一簡明概括性描述。最終期望透過該特種任務船型的任務敘述及設計性能等相關文件資料之詳實說明，有助於政府各部門技術行政人員有所瞭解認識，提昇海洋科技主管人士應有專業素養，及提供處理相關海洋事務作業時有所參考。

在第伍章中，近年來，歐洲區域性安全問題方面出現若干變化情勢，幾乎所有國家均儘可能嘗試調整，以平衡其自身日漸沈重的國防預算支出。一個新船型的設計概念──「需要係為發明之母。」事實証明該諺語適切表達此一概念，即是多任務功能可變式標準三○○船型由是誕生。該多任務功能船型設計的基本理念係應用標準化的任務專用貨櫃，以裝載若干武器及非永久性的艦載裝備等，期能在一個特定任務角色轉移至其他任務時，儘可能達到滿足快速更換武器及應勤裝備等需求。在海軍建造、勤務作業及作戰管理等方面上，該新任務載台設計方案的基本概念係在於擴充現有海軍系統功能的貨櫃化及標準化等理念。並且提供我海岸巡防署未來前瞻十五年發展計畫所需建置各式功能船艦時，船務技術人員有所參考應用。

在第陸章中，將深入探討美國海岸防衛隊如何著手應用科技設備採購，建置其未來「深水計畫」系統，及整合海岸防衛隊設備系統如何獲得該設備系統的籌獲工程合約。隨後討論該深水計畫的籌獲內容，說明整合海岸防衛隊設備系統，並且定義該系統如何作出提議解決方案，諸如小艇、船艦、航空器、後勤支援、執勤作業概念，及指揮、管制、通信、電腦、情資、監視及偵蒐系統等的初始建造區段基塊，以明確定義所謂「多系統的系統」。同時討論「深水計畫」的優點及衝擊，快速檢視其未來發展的影響。目標結論即係些許武裝船舶明智部署於我國港灣入口，或可以應用較少預算經費，成就有益的執法崗哨效能。

最終感謝五南圖書出版公司同仁的耐心編輯協助，使得本書可以順利付梓發行。同時誠摯感念故中央警察大學水上警察研究所所長丁維新老師的諄諄教誨，前海洋巡防總局副總局長邊子光老師的知遇栽培，前任水上警察學系主任陳佳德老師的公務指導。另有海洋巡防總局歐凌嘉科長、劉德安艦艇大副、王需楓偵查員、許智傑分隊長及海岸巡防署鐘誌誠專員等，亦生亦友般地協助整理科技新知，並且相互交流海巡應用科技知識。更應真誠感激中央警察大學師長同仁們的關懷愛護，系所同學們的熱切支持，海岸巡防署、海岸巡防總局及海洋巡防總局等各級長官及好友們的長年提攜鼓勵。願將此初學乍練、野人獻曝的草創研究成果

獻給
最尊敬的雙親、最親愛的夫人及最疼惜的子女！

吳　東　明　謹識
於中央警察大學至真樓水上警察一○七研究室
中華民國九十九年六月二十九日

目　錄

第壹章

國際間區域性港口國管制制度現況與研究
——我國海岸巡防署的海巡執法因應作為之邏輯思維

摘要

　　港口國管制是一項對於靠泊在國內港口的外國船舶，為確保其船況及設備能符合國際公約的規定，及人員操作上能符合相當國際法規規定所進行的船舶查驗工作。有關港口國管制的實施，則必須港口國本身是國際相關公約的會員國，並且依照相關公約的規定，制訂發佈國內法規。同時其所規定之細則必須通告國際海事組織，並且依序公佈通知公約的其他締約國，方得以正式承認適用。有鑑於現今我國國際關係困境，欲順利推行港口國管制並不容易，相較於國際社會在港口國管制制度的蓬勃發展，對於我國海事安全及環境保育等工作實在堪慮。自從我國海岸巡防法通過公佈實施後，海岸巡防署銜命擔負維持我國海域警衛保安、犯罪偵查、海難搜救、油污防治、航行安全及環境保育等執法要務。因此本文特別針對現今國際間各項相關港口國管制協議，及相關

國際公約等予以介紹，並且深入淺出探討其與海巡執法事務關聯性，及相關現今海巡應用科技設備等。從而分析我海岸巡防署的組織目標、應用科技、勤務規畫及執法效能等，期能在我國未來港口國管制制度推動上，能有所助益。

一、前言

　　不法走私犯罪行為不僅直接侵害國家關稅財政收入，亦間接危害國內工商企業正常發展。尤其近年來海關刑事偵察單位屢次破獲重大毒品走私案件，充份暴露台灣水域的非法毒品及未稅貨物等走私的嚴重性。自從我國宣佈解除戒嚴後，海峽兩岸關係日趨緩和，大陸漁船非法越界事件頻傳，走私毒梟貪圖厚利，枉顧法令存在，肆意輸運走私物品往來於台海兩岸間。大量私運來台的未稅農漁產品勢將大幅削減對我農漁民的正常收益，非法煙毒械彈及人蛇偷渡等犯罪事件，更是嚴重危害我國家安全、社會治安及人民福祉。

　　我國政府於民國五十八年間，成立「台灣省淡水水上警察巡邏隊」，即是現今海岸巡防署的前身，當時其任務範圍僅限於淡水河流域巡防。台灣地區自民國七十六年七月一日正式宣佈解除戒嚴後，旋即非法人蛇偷渡及煙毒械彈走私等海上犯罪活動層出不窮，嚴重影響國內治安情形。當時政府為求迅速有效遏阻海上非法活動，即研議設置海上警察機構。但又鑑於立法作業耗費時日、緩不濟急，於是先行引用保安警

察組織通則規定，於民國七十九年元月，將水上警察巡邏隊改制為「行政院內政部警政署保安警察第七總隊」，並且在當時中央警官學校（即現今中央警察大學前身）設立水上警察學系 (Department of Maritime Police)，以積極培育我國海域執法的重要基層幹部。並且在民國七十八年底，行政院正式核定保七總隊的任務範圍為沿海商、漁港及河口附近六浬內，配合安檢執行查緝偷運械彈、爆裂物、毒品，防止偷渡及協助查緝走私，並且配合行政院農委會「漁業巡護船隊」，執行近海及遠洋的漁業巡護任務。

隨後立法院在民國八十六年十二月三十日及民國八十七年一月二日分別三讀通過「中華民國專屬經濟海域及大陸礁層法」和「中華民國領海及鄰接區法」等。並於民國八十七年六月十五日承總統令成立內政部警政署水上警察局 (Maritime Police Bureau)，並且在中央警察大學設立水上警察研究所 (Postgraduate School for Maritime Police)，以積極培育我國海域執法的重要中高級領導幹部及推展海域執法相關專業學術領域研究工作。同時明令其負責沿岸十二浬內警衛領海 (Territorial Sea) 及海上保安等主要任務，並且配合海關在廿四浬鄰接區 (Contiguous Zone) 內查緝非法走私情事等諸多協辦任務，更大幅擴展我水上警察局的勤務管轄範圍。根據現行「內政部警政署水上警察局組織條例」中，明文規定其主辦事項如下：

1. 關於海上犯罪偵防及警衛警戒等執法事項。
2. 關於海上涉外事務之聯繫、協調、調查及處理事項。

3. 關於執行海上犯罪偵防等事項時，對海上船舶或人員，得依法執行緊追、登臨檢查、扣留及逮捕事項。

4. 關於水上警察業務之規劃、督導及考核等事項。

5. 其他依法應執行或協助事項。

另外有關其依法協助執行事項等，概括有七大項目為：

1. 海上查緝走私事項。

2. 海上交通秩序之管制及維護事項。

3. 海上船舶碰撞及其他糾紛之蒐証、處理事項。

4. 海難船舶與人員之搜索、救助及緊急醫療救護事項。

5. 海洋災害之救護事項。

6. 漁權及漁業秩序之維護事項。

7. 海洋環境保護及保育事項。

並且衡量現今海峽兩岸情勢及任務多元化的發展走向，可預見水警未來任務勢必將配合各種執勤人員的培訓、裝備的更新及經驗的累積等，逐步的擴充水上警察的組織，以適應未來可能增加的海上執法任務，諸如警衛領海、查緝走私及漁業巡護 (Fishery Patrol) 等。隨著水上警察局的成立，將來更增加協助海上環保 (Environmental Protection)、海難搜救 (Search and Rescue) 及執行海洋事務 (Maritime Affairs)，諸如船舶交通管理服務系統 (Vessel Traffic Management/Service System)、航

道指示標識、海事案件協調、船舶溢油處理 (Oil Spill Response) 及航海證照業務等等。

　　水上警察局及漁業署等海域執法機關的順利成立，國家海洋政策會議 (Conference on National Ocean Policy) 亦於民國八十七年九月間隆重舉行，並且進行國家海洋政策白皮書的編撰等作業，再再證實我國政府開始正視國家海洋事務的推展工作。再者，處理海洋事務的長遠規劃應由一「事權統一的專責機構」負責執行最為適當，於是政府於民國八十八年即積極規劃研擬《海岸巡防法》、《行政院海岸巡防署組織法》、《行政院海岸巡防署海洋巡防總局組織條例》、《行政院海岸巡防署海岸巡防總局組織條例》及《行政院海岸巡防署海岸巡防總局各地區巡防局組織通則》等海巡五法的立法作業。旋於民國八十九年一月廿六日經立法院三讀通過，承總統令公布實施，並於同年二月一日正式衛牌設立「行政院海岸巡防署」 (Coast Guard Administration, ROC)，其主要人力來源為國防部海岸巡防司令部、內政部警政署水上警察局、財政部關稅總局海務組及一般行政文職等，專責維護台灣地區海域及海岸秩序，與資源保護利用，確保國家安全，保障人民權益。同時依據《行政院海岸巡防法》第四條規定掌理事項如下：

1. 海岸管制區之管制及安全維護事項。

2. 入出港船舶或其他水上運輸工具之安全檢查事項。

3. 海域、海岸、河口與非通商口岸之查緝走私、防止非法入出國、執行通商口人員之安全檢查及其他犯罪調查事項。

4. 海域及海岸巡防涉外事務之協調、調查及處理事項。

5. 走私情報之蒐集，滲透及安全情報之調查處理事項。

6. 海洋事務研究發展事項。

7. 執行事項：(1) 海上交通秩序之管制及維護事項。(2) 海上救難、海洋災害救護及海上糾紛之處理事項。(3) 漁業巡護及漁業資源之維護事項。(4) 海洋環境保護及保育事項。

8. 其他有關海岸巡防之事項。

唯前項第 5 點有關海域及海岸巡防國家安全情報部份，應受國家安全局之指導、協調及支援。事實上，自早期《水警局組織條例》內容即應可知查緝走私及海洋事務等將由水上警察局（即現今海岸巡防署海洋巡防總局 [General Maritime Patrol Agency]）負責執行。因此政府在預算編列之際，亦全力支持水上警察充實專業人力資源、建造新式救護艦艇及巡邏快艇、航空器、指管通情設施及應勤安檢偵查蒐証設備等，無不為加強海上打擊犯罪力量，防止不法份子利用快艇或漁船等進行走私勾當。諸如昔日俗稱「黑金剛」之走私快艇，以其船速快捷，舊式警艇追緝不及，致曾猖狂一時，並且成為私梟的寵兒。隨後以水上警察新式三十噸高速警艇建造完成加入服勤，使得「黑金剛」無所遁形，於是私梟仍又轉回利用漁船來進行海上不法活動。因此唯有對漁船做好登檢密艙查緝工作，方能有效遏阻海上非法走私活動，確保我國海上治安及陸上社會的祥和安寧。

我國行政院海岸巡防署 (Coast Guard Administration, ROC) 成立迄今已有五年餘，唯其組織架構、任務功能、未來目標及人事任用等關鍵要務仍待迫切改善調整。時值我國海洋事務急遽發展之際，諸如兩岸小三通、海難搜救、海域油污染處理、海洋保育、海上航行安全、海事糾紛及病毒傳染等事件層出不窮，實應審慎研擬適切執法行動對策為宜。筆者經嚴謹評估我國海岸巡防法所規定海洋事務職掌範圍後，謹以組織架構功能目標性質類似的美國海岸防衛隊 (United States Coast Guard) 之港口國管制 (Port State Control; PSC) 作業實施經驗為借鏡，極可為我國海域巡防及執法等事務規畫提供些許有益建議。

　　所謂港口國管制 (PSC) 為一項各國航政主管機關對於靠泊在其國內港口的外國船舶，為確保其船況及設備能符合國際公約的規定，及人員操作能符合相當國際法規規定等所實施的船舶查驗工作。其最主要職責在於確保船舶能維持一定國際標準，至少能符合船籍國國際協定上的同等水準規定，即在根除於全球從事航運的次標準船 (Substandard Ships)。至於所謂次標準船是指該船舶的安全有問題，或該船狀況可能造成海洋環境的威脅，甚至該船狀況可能危及船上船員的福利等。假若所有船旗國均能盡責執行其對船舶管理的職責，港口國管制誠應無實施的必要性。無論如何事實並非如此，世界上依舊有相當多海上意外事故持續發生，證明假若僅由各船旗國對其所屬船舶實施管轄，對於全球海上航行安全維護仍嫌不足，因此迫切需要實施港口國管制以因應之。

　　港口國管制實施依據是基於相關國際公約所制訂的國內法規。因

此港口國本身必須是這些相關公約國，並在實行港口國管制前，必須對國際發佈其國內制訂的法規。此外，大多數公約規定亦允許主管政府，核准其他相同於公約要求的規定，但必須將其規定細則項目通告國際海事組織 (International Maritime Organization; IMO)，並依序公佈通知公約的其他締約國，此規定才得正式承認適用。依據現行相關公約的規定，會員國可藉由港口國管制官員，對靠泊其港口中的外籍船舶施行船舶查驗作業。有關其船舶查驗程序方面，通常由查驗人員在實施查驗作業前，先行查詢船舶電腦資料庫檔案，假若該船於近六個月內曾經由實施區域性港口國管制的其他國家檢查，並且未發現缺失者得免予檢查，除非該船有明顯証據必需再行檢查，或該船屬特定檢查目標船舶類型。

　　有關應特定檢查的目標船舶類型等，分項簡述如下：

1. 客船 (Passenger Ships)、駛上駛下船 (Roll on/Roll off Ships) 及散裝貨輪 (Bulk Carrier)。
2. 可能有特別危險船舶，諸如油輪 (Oil Tanker)、液化氣體船 (Liquefied Gas Carrier)、化學品船 (Chemical/Product Carrier) 及載運包裝有害物質船舶等。
3. 各港口國管制年度報告中指出最近三年內被延遲發航及遭扣船處理平均數超過國家總平均數的船舶。
4. 最近六個月內曾被發現存在部份缺失的船舶。

至於港口國管制對於船舶的查驗作業是基於：

1. 會員國提議。

2. 其他會員國要求或提供船舶相關資料。

3. 船上船員、專業人員、協會，貿易組織，或任何其他關心船舶安全，船員及旅客，或海洋環境保育的個別團體等所提供相關船舶資料。

有鑑於會員國可能委託特定檢測員或經認可的組織等，實施船舶的檢測及查驗作業，進而授與懸掛其國旗，並且其應該暸解所依據的適當國際公約規定。港口國管制是以外籍船舶為實施對象，其工作內容包括登船、查驗、缺失改善及可能扣船行動等，均應由港口國適當授權認可官員予以執行，諸如美國海岸防衛隊的港口國管制執法。港口國管制官員的委任則可能經由主管機關概括同意，或經由若干規定依據等給予特別認可。目前我國交通部正積極規劃進行港口國管制人員教育訓練講習，並且從事相關立法作業。惟以現階段政府執行海域相關海難搜救、航行安全、油污防治、海洋保育及漁業巡護等事務，均由行政院海岸巡防署海洋巡防總局 (General Maritime Patrol Agency, The ROC Coast Guard Administration) 為執行機關模式，未來我國實施港口國管制作業應是其責無旁貸天職。至於實施港口國管制應儘可能避免對船舶作出不適當留置或延遲，惟假若船舶遭受到不適當留置或延遲，其應該亦有要求補償任何遭受損失或損害等權利。

二、現行港口國管制的相關規定

最初國際海事組織公約僅對船旗國，攸關船舶技術及安全等方面，制訂其所應負職責。後來，因為深切體認對於船舶安全及諸多國際公約規定的港口國管制，亦能提供若干實質有益貢獻，因此方再制訂允許實施港口國管制的若干條款規定等，諸如《1974 年國際海上人命安全公約》(SOLAS 74)、《1966 年國際載重線公約》(LL 66)、《1973/1978 年國際船舶污染防止公約》(MARPOL 73/78)、《1978 年國際船員訓練標準，認證及當值公約》(STCW 78)、《1969 國際船舶噸位丈量公約》(Tonnage 69) 及《國際勞工組織》(ILO 76) 證書規定，詳請參看表一所示，並且依序逐項說明如後：

表一　各國際公約有關港口國管制規定條文

SOLAS 74	LL 66	MARPOL 73/78	STCW 78	Tonnage 69
第 1 章第 19 條 第 9 章第 6 條 第 11 章第 4 條	第 21 條	第 5、6 條 附錄一第 8A 條 附錄二第 15 條 附錄三第 8 條 附錄五第 8 條	第 10 條 第 1 章第 4 條	第 12 條

(一)1974 年國際海上人命安全公約 (SOLAS 74)

《1974 年國際海上人命安全公約》（如後簡稱 SOLAS 74）為一項

處理海事安全問題的基本國際文件。其主要目的是對於船舶結構、設備及操作，明確制訂適於航行安全的最低標準規範。船旗國負責確定其船旗船舶均能符合規定，並且達到國際公約所規定證書的要求。公約規定亦同意假若有明顯依據，相信該船舶及其設備未符合公約要求時，締約國政府得查驗其他締約國的船舶。

SOLAS 74 公約透過經常不斷修正，以保持最新適用規定狀態，並且在特定時間內公布實施。有關其詳細內容概包括若干章節，簡述如下：

第一章　　　總則

第二章 (一)　構造——結構、艙區劃分及穩度、機械及電機裝置

第二章 (二)　構造——防火、火災偵測及滅火

第三章　　　救生設備及其配置

第四章　　　無線電通訊

第五章　　　航行安全

第六章　　　貨物運送

第七章　　　危險貨物運送

第八章　　　核動力船

第九章　　　船舶安全操作管理

第十章　　　高速船安全措施

第十一章　　加強海事安全的特別措施

第十二章 　散裝船舶的額外安全措施

附　件

SOLAS 74 公約適用於從事國際航線，無論所有大小客船及所有大於 500 總噸貨船。除相關章節有其他明確規定外，一般而言，SOLAS 74 公約不適用於軍艦及運輸艦、低於 500 總噸貨船、非機械動力船舶、早期建造木製船、非從事於商業及捕魚的娛樂遊艇等。

在 SOLAS 74 公約第一章第 19 條管制程序中有詳細敘述，其主要規定是賦予港口國管制官員執法職權，以確定停靠其港口船舶均能依規定俱備有效證書。通常俱備有效證書即可充分證明，此船舶應是符合公約的相關規範要求。並且該公約亦授權港口國管制官員，假若在有足夠證據顯示該船舶或其上設備等狀況，無法有效符合任何證書上所詳列的項目規定，方得實施更進一步行動。

港口國管制官員得實施船舶留置，令其不得出航，直至該船不再對旅客，船員及船舶本身等產生危險情事。在實施該項扣船行動時，必須將當時情況通知船旗國，並且亦須將事實報告國際海事組織。在 SOLAS 公約第四章第 6 條中，規定有關港口國管制，對於國際安全管理章程 (International Safety Management Code; ISM Code) 的相關管制規定，尤其是船舶安全管理系統的特有功能。港口國管制對於操作上的規定，則在 SOLAS 74 公約第五章第 4 條中的概括性敘述說明。

(二)1966 年國際載重線公約 (LL 66)

《1966 年國際載重線公約》（International Convention on Load Lines；如後簡稱 LL 66 公約）為針對航行於國際航線船舶的載重吃水，予以限制的國際公約規定。其主要目的在確保海上航行船舶穩定度，並且避免船舶因過載負荷，造成船舶結構強度受損。其對船舶外部及整體水密區劃 (Integrated Watertight Divisions) 等亦作相關規定，並且特別針對油輪的乾舷設計 (Freeboard Design) 及破損穩度計算 (Damage Stability Calculations) 等項目作詳細規範。

另在不同地區及季節時，該 LL 66 公約亦考慮對船舶所造成的潛在危險問題，並且特別以附錄專章提示，涵括有關船舶出入口、自由通道、艙口及其他等項目的額外安全措施規定。其主要目的在於藉由這些措施規定，以確保低於乾舷甲板的船殼完整水密性 (Watertight Integrity)。公約亦規定各種船舶的載重線標誌均必須與甲板線一同標示於船舯位置 (Midship Location)，並且特別針對預期載運木材船舶，指定一較高設計乾舷基準，以防止甲板上浪 (Deck Wetness) 的沖擊影響。

該 LL 66 公約適用於航駛於國際航線的所有船舶，唯軍艦、船長小於 24 公尺 (79 呎) 新造船艇、總噸位小於 1,500 噸之現成船、非從事商業及捕魚用途之漁船的娛樂遊艇等不在本公約適用範圍內。依據 LL 66 公約第 21 條規定：「船舶依據本公約第 16 或 17 條所持有發佈證書，當停靠其他締約國港口時，應受當地政府所授權之官員的監督。」

(三)1973/1978 年國際船舶污染防止公約及其 1978 年議定書 (MARPOL 73/78)

《1973/1978 年國際船舶污染防止公約》（如後簡稱 MARPOL 73/78 公約）為涵括排除傾倒經處理後廢棄物至海中的規定以外，所有經由船舶所排放污染的規定。其適用範圍遍及所有型式的船舶，唯不適用於船舶進行探勘及開採海底資源時所造成的污染。該 MARPOL 73/78 公約包含有兩項議定書，即以個別對意外污染事件處理作規定，其中包括事件在實質上的損害及仲裁。另外，其對於防治各種形式污染等規定，則以附錄方式彙纂於公約中，其內容概括有：

1. 附錄一 防止油污染規則 (73/10/02 生效)
2. 附錄二 管制有毒物質污染規則 (89/04/06 生效)
3. 附錄三 防止海上包裝形式載運有害物質造成污染規則 (92/07/01 生效)
4. 附錄四 防止污水污染規則 (05/08/01 生效)
5. 附錄五 防止垃圾污染規則 (05/08/01 生效)
6. 附錄六 防止船舶空氣污染規別 (05/05/19 生效)

MARPOL 73/78 公約適用於所有型式船舶，包含在海上作業的固定式或浮動式的工作平台，並且排除戰鬥及非戰鬥用途軍艦，其他隸屬或服務於國家並且僅從事非商業性質的政府服務船舶等皆適用。另該 MARPOL 73/78 公約第 5 條授權會員國在其管轄水域範圍內，得查核

停靠其港口內或近岸碼頭船舶所持有的有效證書。並且第 6 條准允查核船舶是否違反公約規定，排泄任何的有害物質。

另在各不同附錄中亦有四條規章規定允准會員國管理查驗其操作要求。諸如：

1. 附錄一規則 8A 有關船上防止油污染程序。
2. 附錄二規則 15 有關防治有毒液體物質污染程序。
3. 附錄三規則 8 有關防治有害物質污染程序。
4. 附錄五規則 8 有關防治垃圾污染程序。

(四)1978 年國際航海人員訓練、發證及當值標準公約 (STCW 78)

《1978 年國際航海人員訓練、發證及當值標準公約》（如後簡稱 STCW78 公約）為建立一套在國際通用標準上的船員訓練、認證及當值等基本規定。對船員的認證及發照等均作詳細概括性廣泛規定，其中涵括其要項說明，並且對於海上期間主管甲板、機艙及無線電等部門的當值資深船副，及負責當值的普通船員等，均要求需取得一經由正式認可核發的有效證書。該 STCW78 公約對於執行甲板及機艙工作的當值人員，均訂定基本的遵行原則，尤其是對從事油輪、化學或液化氣船等工作人員予以特別要求規定。

另 STCW 78 公約適用服務從事航運船舶上的船員，除軍艦、漁船、非從事商業的遊艇及早期建造的木材船等。同時本公約第 10 條規定：「港口國管制官員有權對所有服務於船上船員進行查核，以確定其

均能符合公約的要求認證,並且持有適當的資格證書。」

(五)1969 國際船舶噸位丈量公約 (Tonnage 69)

《1969 國際船舶噸位丈量公約》(如後簡稱 Tonnage 69 公約)為針對航駛於國際航線船舶的噸位丈量作業,建立一致的原則與標準規定。本公約適用於所有航駛國際航線的船舶,但軍艦與船身小於 24 公尺(79 呎)等船舶除外。該 Tonnage 69 公約第 12 條規定對船舶作噸位證書查核。儘管此公約並非一項關係安全性質公約,但就其內容而言,船舶噸位對適用特殊船舶的公約,卻是相當重要。國際海事組織第 19 次會議 787 號決議案,有關港口國管制程序的最新修正是根據該噸位丈量公約規定,將新增港口國管制指導方針載錄於負管制程序中。

(六)商船最低標準公約的規定 (ILO 76)

根據國際勞工組織(ILO)第 147 號公約規定,即 1976 商船最低標準公約,港口國實行港口國管制應參照由國際勞工組織發行的船上工作環境檢查的程序指導規則,進行其管制查驗工作。基於港口國管制官員的專業評判,應可判斷出船上是否有明顯的危險狀況,據以實施船舶留置處理,直到所有缺失均被改正,或確信其缺失並無明顯的危害船舶安全或船員的健康安全,始可允許該船舶發航。對於應留置船舶事件處理,港口國主管機關應該透過其最近的海事領事館或外交代表,儘可能迅速通知船旗國採取行動。可能的話,並且應邀請其代表到場瞭解。

(七)港口國管制的特殊情況說明

1. 非締約國船舶

港口國管制制度是基於港口國或船旗國代表，正式簽署決議通過之國際證書原則實施。通常此規定被認為是一項僅有公約，締約國方可享有的額外權利。儘管非締約國政府所核發證書符合相關公約規定，該非締約國亦無權核發此類國際證書。現行國際間，各種國際公約的簽訂核准一直不斷進行，因此港口國亦必須不斷保持參與各國家間所簽訂相關公約及取得交流消息，以確保其管制工作的正常實施。一般而言，該資料由國際海事組織秘書處，以公告方式予以發佈通知。另外，在國際海事組織的網站上，各公約概況表列亦可獲得。

某些特定公約，諸如 SOLAS 78 議定書第 II 條第 3 款；MARPOL 73/78 第 5 條第 4 款與 STCW 78 第 10 條第 5 款等，均已針對非相關公約締約國的船舶，訂定不再偏袒規定（即不優惠條款），以確保非公約締約國船舶不至於獲得較低的標準。船舶或船員除有公約要求外，尚需擁有若干其他型式證書，並且港口國管制官員 (Port State Control Officer; PSCO) 將依據這些文件的內容與型式，對船舶再予以評估，以確保該船舶設備與性能，船員證書及船旗國最低人員操作標準等均應合於國際公約的規定目標。此外，船舶應該作必要限制，以確保海洋環境的安全及維護。

2. 低於公約規定尺寸大小船舶

大多數的海事國際公約均會為不同種類大小船舶，逐漸修正其在應用限制上的規定。諸如船舶噸位、長度或其他船舶特徵，甚至某些公約尚包含船齡及其所從事貿易地區等。如此應用限制並不僅僅包括證書，亦包含船舶本身及其船上設備等。通常，此類船舶可能符合船旗國要求，卻未被港口國管制官員所接受認可。因此對於此類船舶方面，港口國管制官員可能必須藉由船旗國或其代表所發佈的一些證書種類，特別採取較為謹慎的判斷行之。

假使某特定船舶的相關文書不適用，港口國管制官員亦將評估其是否有符合相關安全及環境衛生等標準。並且在執行該船評估作業時，對船長、預期航線或服務種類、船舶大小型式，提供設備及貨物種類等相關事實，給予合理描述。諸如判斷有危害安全，衛生環境的缺失案件時，港口國管制將採取包含：(1) 必要時扣船處理，以確保其缺失的改善。(2) 假若船舶現無明顯危害到航行安全，環境衛生的缺失，則允許其繼續航行至其他港口。

在過去數年間，為協助低於公約規定大小的船舶在法規上的管轄，許多關於小船安全的地區性法規相繼產生，諸如透過國際海事組織技術合作援助的《亞太平洋小船規則》(Asia-Pacific Small Ship Regulations) 及《南太平洋群島國的類似規定》(A Similar Set of Rules for South Pacific Island Countries) 等。在加勒比海，經由國際海事組織在其準備工作上的主動參與，於是有加勒比海貨櫃船安全章程的產生。至今，國

際海事組織對於各區域章程，及有關特定區域船型規定的準備工作推
展，仍將不遺餘力。

三、港口國管制程序的修正方向建議

自從 1981 年第 12 次國際海事組織會期提出修正意見後，針對各
國港口國管制制度的運作方面，國際海事組織便以發佈決議案的方式，
提供各國賴以遵循，諸如 1995 年 11 月第 19 次國際海事組織會議中所
提出之關於港口國管制程序的 A787 (19) 號決議案。即針對港口國管制
的相關執行程序，諸如船舶查驗、擴大查驗、不符標準船舶處理及報告
內容格式等項目，均提出概要的施行原則，供世界各國參考採用。至於
有關 A787 (19) 號決議案內容，概略可分為六大章及七項附錄等，詳分
項簡述如下：

(一)主文部份：

第一章　通則

第二章　港口國查驗

第三章　擴大查驗

第四章　違規及扣船處理

第五章　報告的規定要求

第六章　複檢程序

(二)附錄部份：

1. 第一章「通則」部分：主要內容在說明 A787 (19) 號決議案的目的，對於港口國管制查驗，提供一個基本指導原則，並且給予確認船舶、設備、或其船員等管制工作一套可供遵循應用的標準規範。此外，亦說明管制程序的適用對象，主要是相關國際公約規定所涵蓋的所有船舶，其他對於非相關公約締約國船舶或低於公約規定大小的船舶則規定，不再給予查驗管制上的特別優惠對待。最後，通則 1.6「定義」部分亦對於明顯缺失、缺失、扣船、查驗及擴大查驗等相關管制程序用語，分別給予概要定義說明。

2. 第二章「港口國查驗」部分：對於查驗船舶決定的條件、查驗時應注意事項，諸如：(1) 船舶外觀保養觀察、船舶基本資料確認、查

驗時有無明顯缺失等項目細節。(2) 應執行擴大查驗的明顯缺失種類。
(3) 有關港口國管制官員的資格與訓練要求。最後 (4) 針對管制程序的
實施，提供執行管制作業官員一概略性指導原則。

3. 第三章「擴大查驗」部分：主要是規定假使船舶在符合下列任
何狀況時，港口國管制官員均應對查驗船舶進行進一步更詳細的「擴大
查驗」。

(1) 未具備有效證書。

(2) 經由管制官員的一般印象與觀察，認為有明顯缺失，諸如認為
　　船舶本身或設備無法符合特定證書的標準規定。

(3) 船長或船員不熟悉船上的基本操作程序。

另外，本章亦 (1) 針對船舶的結構與設備等項目，提供查驗官員於
實施查驗時的指導原則，諸如機艙、載重線配置、救生及滅火設備、貨
船安全結構、無線電證書、其他公約規定外或船旗國要求的設備項目
等。(2) 在 MARPOL 73/78 附錄一與附錄二中有關船舶洩放的規定。(3)
有關人員清單、通訊、滅火與棄船演練、損害管制、船上油污染緊急應
變計畫、駕駛台、貨物與機艙操作等相關設備作業項目的要求管制。
(4) 船上人員操作的最低標準與檢定等。

4. 第四章「違規與扣船處理」部分：其主要內容是對於次標準船
的認定方式。查驗員對船舶相關缺失項目的建議處理，港口國對於疑似
次標準船舶的採取行動。港口國有改正相關措施的義務，扣留船舶實施
原則（除參考查驗所得的缺失項目外，仍應配合附錄一「留置船舶指導

手冊」的相關安全規定），協助港口國對於違反公約規定與應扣船船舶的處理，提供基本的原則依據。

5. 第五章有關「報告的規定要求」：主要目的是對於港口國、船旗國與 MARPOL 73/78 等均主張需有觀察查驗結果的報告內容，給予概括性項目的建議。在港口國方面，建議港口國可利用附錄五所載的查驗報告格式，詳列船舶的查驗結果、已採取措施、建議船長或所有人的改正措施等項目，交予受檢船舶船長備查。同時，假使船舶的缺失未改正，在衡量缺失對船舶航行安全的嚴重性，認為有必要予以留置或放行的情況下，對於港口國應採取的措施，諸如船旗國、下一停靠港口國、國際海事組織及船級協會等相關單位機構的通報等，亦提供詳細的規定說明。在船旗國部分則是對於船旗國在接到港口國的扣船通知後，提供如附錄七所說明船旗國缺失報告的意見註解，儘可能迅速通知負責機構，其對於扣船所採取的改正措施，與相關的查驗港口國管制官員、總部電話住址及查驗負責人等項目。有關 MARPOL 73/78 的違規報告部分則是建議港口國在發現船舶有違反 MARPOL 73/78 嫌疑時，最好能在發現違反缺失 60 天內，適當依據附錄五及六等所提供的報告內容，儘速通告船舶船旗國。同時，船旗國在接到港口國有關違規通知時，亦應儘速通報相關的認證機構，建議其應立即採取的相關措施。

6. 第六章「複檢程序」：主要是受檢船舶的權責機構對於相關公約締約國及國際海事組織等，有關船舶缺失適時的一般性改正通報程序建議。

另外，在 1999 年 11 月第 21 次國際海事組織會議，所決定採用的 A882 (22) 號決議案，則對於 1995 年有關號港口國管制程序的 A787 (19) 號決議案提出相關更新修正意見。至於其修正項目除對原決議案第一至四章的程序內容作部分修正外，最主要特色在新增 1998 年 7 月 1 日生效的國際安全管理章程中，有關港口國管制新規定部分。另外尚增加附錄四 A，提供港口國管制有關《1969 年國際船舶噸位丈量公約》的指導建議，並且對於原 A787 (19) 號決議案附錄四中有關船舶證書與文件表列、附錄五、六及七等報告內容格式，各作部份修訂。

四、港口國管制的區域性合作及國際技術援助發展

(一)港口國管制的區域性合作發展

儘管單一國家的港口國管制即可提昇船舶安全及加強海洋環境保護。不過，區域性聯繫協調關係，對於國際間次標準及不符標準等船舶進行取締工作，將可更加確保有效實施。假若不採取區域性協調聯繫作業模式，船舶操控者將使其船舶改至其他未執行港口國管制，或查驗較不嚴格的地區靠泊。果真若此勢將嚴重妨礙到依規定實施適當查驗國家港口的經濟情況。為有效排除前述情形，並且全面性改善船舶查驗工作效能，世界各國紛紛相繼參加許多原已存在，或新建立的區域性港口國協議組織。

在前述例證中，該協議作業內容概括有船舶資料交換及實施查驗

後紀錄結果等，並且對於一最近未經查驗船舶而言，此資訊在下一港口的查驗目標確定上極為重要。一般而言，在先前六個月內已經查驗過船舶，除非有明顯缺失外，不需再次查驗。另一項促使區域組織內其他港口合作原因在於確保一已被確認為次標準船的有效監控。尤其應用於擁有較少缺失，而被要求至下一港口前必須改善，方可允許其發航之船舶。此類船舶將被以兩港口間持續不斷的資訊交換方式下，以實施確實且有效監控。無論如何，區域性合作的最大優點在於確保所有國家均能以一致方式實施港口國查驗作業。最後，關於區域組織內扣船及港口國管制的訓練實施作業均能提供一相同標的執行程序準則。

表二　現今國際間各重要區域性港口國管制協議組織

協議名稱	簽署日期	簽署地點
一、巴黎港口國管制協議（巴黎備忘錄）	1982 年 7 月 1 日	巴黎（法國）
二、拉丁美洲港口國管制協議（拉丁美洲協議）	1992 年 11 月 5 日	威納地美爾（智利）
三、亞太平洋港口國管制協議（東京備忘錄）	1993 年 12 月 2 日	東京（日本）
四、加勒比海地區港口國管制協議（加勒比海備忘錄）	1996 年 2 月 9 日	基督堂市（巴貝多）
五、地中海地區港口國管制協議（地中海備忘錄）	1997 年 7 月 11 日	瓦勒他（馬爾他）
六、印度洋港口國協議備忘錄（印度洋備忘錄）	1998 年 6 月 5 日	普利托里亞（南非）
七、中西非地區港口國管制協議備忘錄（阿布加備忘錄）	1999 年 10 月 22 日	阿布加（奈及利亞）

現行運作中的區域性港口國管制協議組織共計有七個，有關其協議組織名稱、簽署日期及地點等，簡述如表二所述。至於各協議組織名稱、會員國數目、觀察員組織、目標船查驗率、相關適合公約及文書、特別注意事項、簽署日期及正式語言等詳細說明，請參閱表三 (a) 至表三 (d) 等所述。另外，波斯灣及黑海等兩個區域性港口國管制協議組織，則是現行正在積極發展中的未來區域性港口國管制協議組織。至於有關全世界各區域性港口國管制協議組織的全球分佈情形，如圖一所示。

1. 波斯灣地區

保護海洋環境地區組織 (ROPME) 第一次起草港口國管制協議及其實行訓練程序的補充文件等，是由海事共同安全救助中心 (MEMAC) 協同波斯灣互助協調會 (GCC) 及國際海事組織 (IMO) 等，在 1999 年 7 月於巴林的麥納瑪討論協議。該會議是由巴林、科威特、阿曼、卡塔爾、沙烏地阿拉伯及西非地區公署的阿拉伯聯合大公國派代表以觀察員身份參與。雖第二次會議日期及地點尚未決定，然而預期將會進行港口國管制備忘錄的簽署作業，並且決定其秘書處及資料中心所在地。

2. 黑海地區

黑海地區港口國管制協議組織的第一次籌備會議於 1999 年 9 月 14 至 17 日，在保加利亞的瓦爾納舉行，由保加利亞、喬治亞、羅馬尼亞、俄國聯邦、土耳其及烏克蘭等國家派代表參加。並且該協議組織會議是由國際海事組織 (IMO) 與丹麥環境保護署 (DEPA) 共同資助籌組。

表三 (a)　　現行國際間各重要區域港口國管制備忘錄比較表

項目 ＼ 名稱	巴黎備忘錄	東京備忘錄
會員國數目	18個	18個
觀察員組織	Japan, USA, IMO, ILO, Tokyo MOU, Iceland	Brunei, USA, IMO, ILO, ESCAP, Paris MOU, Indian Ocean MOU
目標船查驗率	年度船舶查驗目標率25%（平均每一國家）	2000年年度地區50%的船舶查驗目標率（於1996年達成）
相關公約、文書	LL 1966 and LL PROT 1988 SOLAS 1974 SOLAS PROT 1978，1988 MARPOL 73/78 STCW 1978 COLREG 1972 TONNAGE 69 ILO Convention No.147	LL 1966 SOLAS 1974 SOLAS PROT 1978 MARPOL 73/78 STCW 1978 COLREG 1972 ILO Convention No.147
特別注意事項	一、發現缺失經由領港或港務主管機關回報的船舶 二、載運危險或污染性貨物而未回報其相關資料的船舶 三、其他主管機關報告或通知為目標對象的船舶 四、船長或其他船員回報為目標對象的船舶 五、船舶在過去六個月內遭其船級協會暫停其營運	一、客船，駛上駛下船，散裝船 二、可能引發特別危險之船舶 三、第一次到港或有十二個月以上時間未到本港的船舶 四、船舶船旗國過去三年的平均缺失率高於平均值以上 五、缺失改善後被准允離港的船舶 六、發現缺失經由領港或港務主管機關回報的船舶 七、載運危險或污染性貨物而未回報其相關資料的船舶
簽署日期	1982年7月1日	1993年12月2日
正式語言	英文，法文	英文

表三 (b)　現行國際間各重要區域港口國管制備忘錄比較表

名稱 項目	拉丁美洲協議	加勒比海備忘錄
會員國數目	12個	20個
觀察員組織	IMO, CEPAL	IMO, ILO, CARICOM, IACS, Auguilla, Montserrat, Turks & Caicos, Canada, USA, Netherlands, Paris MOU, Vina del Mar MOU, Tokyo MOU
目標船查驗率	三年內平均每個國家 15% 的年度船舶查驗目標率	三年內平均每個國家 10% 的年度船舶查驗目標率
相關公約、文書	LL 1966 SOLAS 1974 SOLAS PROT 1978 MARPOL 73/78 STCW 1978 COLREG 1972	LL 1966 SOLAS 1974 SOLAS PROT 1978 MARPOL 73/78 STCW 1978 COLREG 1972 ILO Convention No.147
特別注意事項	一、客船，駛上駛下船，散裝船 二、可能引發特別危險之船舶 三、最近發現多項缺失的船舶	一、第一次到港或有十二個月以上時間未到本港的船舶 二、缺失改善後被准允離港的船舶 三、發現缺失經由領港或港務主管機關回報的船舶 四、證書不適當的船舶 五、載運危險或污染性貨物而未回報其相關資料的船舶 六、船舶在過去六個月內遭其船級協會暫停其營運
簽署日期	1992 年 11 月 5 日	1996 年 2 月 9 日
正式語言	西班牙文，葡萄牙文	英文

表三(c)　現行國際間各重要區域港口國管制備忘錄比較表

名稱　項目	地中海備忘錄	印度洋備忘錄
會員國數目	10個	15個
觀察員組織	IMO, ILO, EC	IMO, ILO PMAESA
目標船查驗率	三年內平均每個國家15%的年度船舶查驗目標率	三年內平均每個國家10%的年度船舶查驗目標率
相關公約、文書	LL 1966 SOLAS 1974 SOLAS PROT 1978 MARPOL 73/78 STCW 1978 COLREG 1972 ILO Convention No.147	LL 1966 SOLAS 1974 SOLAS PROT 1978 MARPOL 73/78 STCW 1978 COLREG 1972 TONNAGE 69 ILO Convention No.147
特別注意事項	一、第一次到港或有十二個月以上時間未到本港的船舶 二、缺失改善後被准允離港的船舶 三、發現缺失經由領港或港務主管機關回報的船舶 四、證書不適當的船舶 五、載運危險或污染性貨物而未回報其相關資料的船舶 六、船舶在過去六個月內遭其船級協會暫停其營運	一、第一次到港或有十二個月以上時間未到本港的船舶 二、缺失改善後被准允離港的船舶 三、發現缺失經由領港或港務主管機關回報的船舶 四、證書不適當的船舶 五、載運危險或污染性貨物而未回報其相關資料的船舶 六、船舶在過去六個月內遭其船級協會暫停其營運
簽署日期	1997年7月11日	1998年6月5日
正式語言	英文，法文，阿拉伯文	英文

表三(d)　現行國際間各重要區域港口國管制備忘錄比較表

名稱 項目	阿布加備忘錄	黑海備忘錄
會員國數目	16個	6個
觀察員組織	IMO, ILO, MOWCA, Burkina Faso, Mali	IMO, ILO
目標船查驗率	三年內，平均每個國家15%的年度船舶查驗目標率	三年內，平均每個國家15%的年度船舶查驗目標率
相關公約、文書	LL 1966 SOLAS 1974 SOLAS PROT 1978 MARPOL 73/78 STCW 1978 COLREG 1972 ILO Convention No.147	LL 1966 SOLAS 1974 SOLAS PROT 1978 MARPOL 73/78 STCW 1978 COLREG 1972 ILO Convention No.147
特別注意事項	一、第一次到港或有十二個月以上時間未到本港的船舶 二、缺失改善後被准允離港的船舶 三、發現缺失，經領港或港務主管機關回報的船舶 四、證書不適當的船舶 五、載運危險或污染性貨物而未回報其相關資料的船舶 六、船舶遭船級協會暫停其營運	一、第一次到港或有十二個月以上時間未到本港的船舶 二、缺失改善後被准允離港的船舶 三、發現缺失經由領港或港務主管機關回報的船舶 四、證書不適當的船舶 五、載運危險或污染性貨物而未回報其相關資料的船舶 六、船舶其船級協會暫停其營運 七、其他主管機關報告或通知為目標對象的船舶
簽署日期	1999年10月22日	尚未簽署
正式語言	英文，法文	未定

（資料來源：IMO NEWS, 2000）

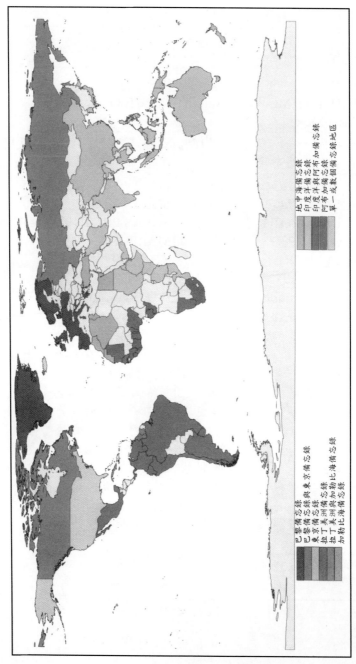

圖一　全球港口國管制的區域性協議組織

在該會議中協議訂定一備忘錄草案，並且考慮規劃一套訓練計畫草案。其備忘錄預定於 2000 年 4 月在土耳其的伊斯坦布爾正式完成簽署付諸實施。

(二)國際海事組織的技術援助發展

國際海事組織於 1991 年 11 月第 17 次會議中通過 A682 號決議案，參照歐洲地區於 1982 年正式通過完成的《巴黎備忘錄》為範本，在船舶管理及貨物裝卸作業上達成區域性合作，其主要目的在於根除次標準船及在國際世界建立港口國管制等制度。該決議案促使各有關參與巴黎備忘錄的各會員國當局及其他國家等，共同參與港口國管制作業的實施。無論如何，其結論在於建構世界上其他地區的區域性協議組織，並且藉由區域間合作的資訊協調系統，進行港口國管制資訊相的互交換作業，裨益違法案件調查工作。

自此國際海事組織便相當主動協助穀會員國盡力排除次標準船，並且在過去幾年中參與各區域性港口國管制協議的準備及議訂合作等協調整合作業。期望能透過此一整合程序更進一步促進區域性組織建制，有效實施其各區域間合作協議事項，尤其是其資訊傳輸的格式統一化。有關此一整合作業，來自區域內外的支持是必要的，尤其在多數為發展中國家所新建立的港口國管制協議組織。就區域內而言，所有主動參與會員國應嚴格執行協議組織內容。另就區域外而言，一方面經由其他運作完善的地區協議組織所提供專業技術及一般性指導，另一方面則藉由捐

贈者所提供援助資金，以實施查驗培訓課程等。

國際海事組織正積極發展一項全球性計畫，藉以協助各區域港口國管制協議組織順利實施，概其工作內容涵括有彼此間運作協調、人力資源發展及資訊交換合作等。在一般性作業所面對疑難問題中，藉由協議組織實施及區域間互動作業等所得經驗，將更加確認推展全球性合作的迫切性及有效性。至於該全球性合作計畫行動的規畫工作項目等，簡述如後：

(1) 由國際海事組織總部的秘書幕僚及現有各港口國管制協議組織的各資訊中心主管等，進行為期三天的會議研討。其目的在於分享一般性問題處理經驗，並且協助各區域性港口國管制組織進行的協調合作及鑑定各所需技術援助的範圍及優先順序等。

(2) 藉由其他港口國管制協議組織的專家支援，確實提昇對新興成立區域性協議組織的目標諮詢輔助任務工作效能。

(3) 針對各新興成立區域性協議組織的秘書與幕僚主管、副主管、資訊中心主管、副主管，或技術幕僚人員等，舉行更專業會議研討或實作討論等，藉以提供經驗分享及更新資訊，與討論有關港口國管制實施的相互協調及合作實務進展情形。

(4) 國際海事組織亦積極參與全球各區域性港口國管制的委員會會議。

五、港口國管制及應用科技與海巡執法的關係

　　台灣四面環海，海洋為我中華民國走向世界的主要道路，並且台灣本身天然資源缺乏，其主要來源均賴進出口貿易供應，因此海洋航運攸關台灣整體經濟發展。然而中共軍事武力威脅、或影響社會治安的人蛇偷渡與毒品、槍械及爆裂物等違禁物品輸入均來自海上。因此，警衛領海及海域航行安全密切關係台灣未來生存發展。行政院海岸巡防署 (Coast Guard Administration, ROC) 為我國海域執法及服務專責機關，因此其工作效率攸關我國社會治安、財政、經濟、海上交通、漁業巡護及環境保護等方面持續穩定發展。

　　現階段我海岸巡防署的海巡執法工作是依據其地理管轄範圍要素，概略可區分為岸際巡防及海域巡防等兩大主要任務部份。事實上，對於海巡署的整體執法任務而言，應無必要將該巡防工作如此區劃。從美國海岸防衛隊的執法手冊上之定義來看，該地理管轄範圍從陸地向海洋延伸，概可略分為內陸 (Inland)、岸際 (On Shore)、沿岸 (Shoreline)、近岸 (Near Shore)、領海 (Territorial Sea)、鄰接區 (Contiguous Zone)、專屬經濟區 (Exclusive Economic Zone) 及公海 (High Sea) 等，其中岸際、沿岸及近岸等區域亦總稱為海岸銜接區域 (Coastal Zone)。另外從海洋工程學科 (Ocean Engineering Field) 來輔助定義，則可概分為內陸、岸際、沿岸、近岸、離岸 (Offshore) 及深海 (Deep Sea) 等。因此執法工作策略亦應採用通盤一致的巡防勤務規畫邏輯，從內陸地域逐漸向海域伸

展開來，實無需將海巡及岸巡執法工作明顯區分。本文謹以港口國管制與海巡執法的關係，及現今應用科技與海巡執法構思等兩部份，詳實分項闡述如後。

(一)港口國管制與海巡執法的關係

港口國管制 (PSC) 的主要目的在於確保船舶能維持一定國際標準，至少能符合船旗國國際協定上的同等水準規定，即在根除於全球從事航運的次標準船 (Substandard Ships)。另該次標準船通常潛藏有船舶性能及航行安全問題，船員海上操作技能上之不足或可能造成海上災難、海洋環境污染及海洋資源保育等威脅。事實上，我國實施港口國管制查驗作業內容概涵括有船舶性能檢查、人員適任簽證、海上操作技能確認及貨物安全檢查等，應可確實將次標準船摒除於我國領海管轄範圍外，大幅降低海上走私偷渡的非法犯罪機率。並且可避免船舶海難、溢油污染、環境受損及資源濫用等事件發生，進而有助於海巡署的海域執法及海事服務等法定任務的順利達成。

至於相關港口國管制及相關國際公約規定現今應用科技等，對於海巡執法勤務規畫的應用邏輯概念，簡述如下：

1. 在基隆、臺北、臺中、臺南、高雄、花蓮及蘇澳等國際商港實施港口國管制作業，針對船舶結構、設備、海員、貨物及船上作業等方面進行查驗，藉以杜絕次標準船、不適任船員、未報關私貨及未受檢人員等。事實上，海上犯罪船舶大多為次標準船，亦容易發

生機械故障，導致海上船難事件。不適任船員容易造成海上事故，甚至發生溢油污染及破壞海洋環境及自然資源等。未報關私貨概括有未稅走私農畜漁獲煙酒產品、違禁毒品及槍砲械彈等，應可有效阻截海路走私犯罪，維護我國社會治安及財政經濟等穩定發展。未受檢人員即為人蛇偷渡事件起源。根據前述說明，應可瞭解該港口國管制對於海巡執法的重要性。若能確實執行港口國管制作業，當可有效預防海上犯罪、走私偷渡、海上船難、溢油污染及環境受損等情事發生。海巡執法效能自可實收事半功倍成果。

2. 在除前述國際商港處外的國內各級商漁港處，亦應遵循港口國管制作業精神，實施漁港安檢所的法定查驗工作。至於其所執行法定查驗工作是以近岸作業漁船、休閒娛樂漁船及遊艇等近海活動船舶為主要對象，並且該類船舶亦是海上犯罪活動的庇護所在。因此漁港安檢所能否有效針對進出港口的船舶、船員、船貨及船上作業等方面審慎查驗工作，即是阻截海上犯罪於岸際的重要關鍵，亦是岸巡執法的首要任務。但現今岸巡漁檢執法受限專業查驗人員缺乏，漁港安檢作業範圍亦僅及於船員及船貨等，輕忽船舶結構、船機設備及船上作業程序等實質要務，終致走私偷渡、海難救助、溢油污染及航行安全等不法情事屢見不鮮。

3. 為求提昇船舶航行安全及降低海難頻率，國際海事組織建議各國採用海上船舶交通管理服務系統 (Vessel Traffic Management System; VTMS)。各國必須先行在國際商港劃定航路，設置分道航

行制 (Traffic Separation Scheme; TSS)，以有效管制進出港口的船舶航行。在實務運作中，海上搜索救助 (Search and Rescue; SAR) 作業的搜救協調中心 (Rescue Coordination Centre; RCC) 亦屬於該船舶交通管理服務系統聯合作業的一部份。目前我國正由交通部航政司積極在基隆及高雄等兩大國際商港規畫、設置及測試中，期待在不久未來將擴充至我國其他國際商港同步實施。至於船舶交通管服務理系統的主要設置目的概有：

(1) 在特定範圍內協助航行。

(2) 促進交通流程效率。

(3) 掌握船舶資料與動向。

(4) 以具體行動參與及處理海難事件。

(5) 支援各項聯合行動。

(6) 港務資訊的傳送及管理。

該管理服務系統的基本功能概涵括有海上交通資料搜集、資料評估、航海資訊服務、航行協助服務、海上防止污染監督、海上搜索救援協調、交通組織服務及支援聯合行動等。為有效達成上述目的，該管理服務系統中心必須藉由雷達、無線電及其他硬體設備等，並且配合網路系統，蒐集及傳輸相關資訊至各有關船舶或組織，以確實執行港口安全規定。為配合船舶報位與監控系統的有效運作，該管理服務系統必須擁有若干特定導航設施及重要通信、偵測及其他相關硬體等設備，即 (1) 通信設備：超高頻無線電

話 (VHF)、中高頻無線電話 (MF/HF)、國際衛星通訊系統 (Telex/
Telefax/Telephone)、無線電報、電話、其他求救信號接收機及錄
音設備。(2) 偵測設備：S-Band 雷達、X-Band 雷達、避碰雷達
(Automatic Radar Plotting Aids; ARPA)、資料處理系統、綜合電子
顯示器、閉路電視 (Closed Circuit Television; CCTV)、超高頻測向
儀及錄影機等。(3) 其他相關硬體設備：風向風速儀、氣溫及濕度
測量器、潮高計 (Tide Level Sensors)、潮流計、能見度偵測器及氣
壓計 (Barometre) 等。為有效達成海上船舶交通管理服務系統的目
標成效，必須先行建置船舶自動識別系統 (Automatic Identification
System; AIS)，其主要目的在於有效執行船舶航行管理及防止海上
碰撞事件發生等，即為一種船用廣播詢答系統，在特高頻 (VHF)
海事頻帶區間進行作業，能將船舶資訊傳送至其他船舶或岸際。
有關該傳送資訊概括有船舶識別碼、位置、航向、航速、傾角、
俯仰、目的地、抵達時間及船舶特徵諸元 (Principal Particulars)
等。並且預計自 2002 年中期即依據國際海事組織海上人命安全
公約 (SOLAS) 修正案相關條文，諸如海事安全委員會 (Marine
Safety Committee; MSC) 第九十九號及國際無線電通信聯合會
(International Tele-communication Union; ITU) 等決議案，強制要求
各新造船舶均需安裝此一設備功能。該船舶自動識別系統係由全球
衛星定位系統 (Global Positioning System; GPS) 設備的定位、分時
多元擷取 (Time Division Multi-Access; TDMA) 的通信及電子海圖

(Electronic Chart Display System; ECDIS) 的顯示等綜合功能，配備一組特高頻 (VHF) 無線電發報器、兩組特高頻無線電分時多元擷取功能接收器、一組無線電數位選擇呼叫 (Digital Selective Calling; DSC) 功能接收器及連接至船上顯示與感測系統的一套標準海上電子通訊機具等所組成。至於該船舶自動識別系統亦需配合同時全面裝設的船舶航行資料記錄器 (Voyage Data Recorder; VDR)，即航空器飛行紀錄器般類似功能，方能確實有效掌握船舶海上動態資訊。該船舶航行資料紀錄器可持續保存長達 12 小時船上活動紀錄，諸如航行日期、時間、位置、航向、航速、語音，及遵循最新國際海事組織規定雷達訊號的若干關鍵參數等。事實上，該系統紀錄器必須由擁有高靈敏音響測聽 (High-grade Audio)、高解析目標偵視 (High-resolution Radar) 及高容量資料儲存 (High-capacity Data) 等功能設備所組成。若此方可提供高品質音響及視訊等紀錄資料，尤其對於海上犯罪偵查及海事鑑定等偵辦作業的有效性及時效性均俱有重大意義。

4. 有關我國遠洋沿岸近海作業漁船的漁船動態資料庫 (Fleet Movement Dynamics Database; FMDD) 及漁船動態管理系統 (Fleet Dynamic Management System; FDMS) 等設置作業，現在由農委會漁業署積極主導推廣，以期提供即時、正確與動態船位，及船籍資訊等。其主要目的在於杜絕漁船走私未稅農畜產品、煙酒禁藥槍毒、人蛇偷渡及違法捕撈，甚至提昇漁船海難救援、近海漁業資源

保育管理、公海漁撈配額計算、漁業損失救濟、漁業用油補貼及未來漁船廢氣排放估算等績效，藉以有效掌握漁船動態及加強漁業資源管理，即為我國漁政、防疫、環保、航行安全及治安等工作要務。至於漁船資訊概括有兩大部份：(1) 靜態——漁船船籍基本資料，諸如漁船名稱、統一編號、主要特徵諸元、主機馬力及噸位等。(2) 動態——涵括有漁船進出港時間、漁船作業位置、漁船作業路徑及漁區、漁獲物種類及數量等。有關現有漁船動態船位資料的回報接收及建置等方式概括有三種，即 (1) 衛星即時船位通報系統 (Vessel Monitoring System; VMS)。(2) 全球衛星定位/單頻帶船位自動回報系統 (Global Positioning System and Single Side Band; GPS & SSB)。(3) 人工船位回報系統 (Manual SSB)。事實上，一個理想漁船動態管理系統架構應涵括有三個次系統，即為 (1) 資料系統——建立包含船位資料的蒐集、接收、處理、修正、分類、彙整及建檔儲存等功能的資料庫，諸如漁船船員資料庫、漁船船籍資料庫、漁船違規資料庫、漁船合作及遠洋基地與國內漁港資料庫、漁區海況資料庫及漁船船位資料庫等。(2) 分析應用系統——即為資訊顯示功能，是將資料經系統處理成可供應用資訊，並且依據使用者需求顯示，可有效促進資訊交流及成果分享等效能。(3) 資訊傳播系統——即是資訊傳播、資訊發佈方式及媒介等功能，是將相關資訊及研究成果透過各種管道傳送至相關主管人員，以利提昇政策研擬及行政作業等參考應用。

5. 有關船舶性能檢查作業方面，概可依據處理海事安全問題的基本國際公約——1974 年國際海上人命安全公約 (SOLAS 74) 所規定條文進行檢驗工作。其主要目的係對於船舶結構、設備及操作，明確制訂適於航行安全的最低標準規範。船旗國負責確定其船旗船舶均能符合規定，並且達到國際公約所規定證書的要求。依據此作業程序實施船舶查驗工作，即可順利排除次標準船、減少海難及溢油污染等海巡執法要務，亦可有助於海上陸上防制非法犯罪情事發生。國際驗船組織的船級制度也已是世界各國政府有關船舶主管單位及造船產業、航運業者及金融保險業者等所公認的船舶品質認證標準，但其施檢對象僅及船舶本身。另近十年來，海難案件頻傳，人謀不臧實非船級制度所能克服。唯全世界中最為瞭解船舶性能者，仍以各驗船協會 (Classification Societies) 為佳。因此在船舶檢驗的技術層面應是由國際船級社協會 (International Association of Classification Societies; IACS) 為主導的船舶安全管理制度 (Safety Management System; SMS) 推展方可獲致事半功倍的成效。至於設立驗船協會組織，建立船級制度的主要目的在於各國政府為確保人民生命與財產安全、保險公司為確保其本身承保貸款權益，及航行國際航線船舶必須符合國際公約要求，方能在國際港口間順利通航等所實施的船舶檢驗與檢查作業制度。關於船舶檢驗與檢查作業概可分為依法檢查、保險所須檢驗，及依國際公約的檢驗與檢查等三種。目前國際公約的檢驗與檢查作業所依據法規概括有《1974 年

國際海上人命安全公約》及其 1978 年議定書 (SOLAS PROT 78)、《1973 年防止船舶污染國際公約》的 1978 年議定書 (MARPOL PROT 78)、《1966 年國際載重線公約》(LL 66)、《國際載運散裝危險化學液體船舶構造與設備章程》(IBC) 及《國際載運散裝危險化學液體船舶構造與設備章程》(IGC) 等。至於通過前述各種國際公約及章程等檢驗後所簽發證書概有客船安全證書、貨船安全構造證書、貨船安全設備證書、貨船安全無線電報證書、貨船安全無線電話證書、核能客船安全證書、核能貨船安全證書、國際載重線證書、國際油污防治證書、國際污水污染防治證書、國際載運散裝有毒液體物質污染防治證書、適合載運散裝危險化學品證書及適合載運散裝液化氣體證書等。事實上，前述各種簽發證書均具有安全時效，海巡執法作業即可配合港口國管制實施證書查驗工作，以有效排除次標準船及犯罪嫌疑船艇等，進而達成維持海上航安及淨化管轄海域等終極目標。

6. 有關海上作業人員適格簽證及海上技能確認等方面，概依據《1978 年國際航海人員訓練、發證及當值標準公約》(STCW78 公約) 的國際通用標準船員訓練、認證及當值等基本規定。對船員的認證及發照等均作詳細概括性廣泛規定，其中涵括其要項說明，並且對於海上期間主管甲板、機艙及無線電等部門的當值資深船副，及負責當值的普通船員等，均要求需取得一經由正式認可核發的有效證書。另亦根據《1993 國際安全管理章程》(ISM Code) 所規定

實施海上安全管理制度的查驗工作。該章程的主要目的在於確保海上安全、防止人員傷害或喪失生命及避免損及環境，尤其是海洋環境及保育資源等。至於該《安全管理制度》(SMS) 的功能需求等，概涵括有：

(1) 安全與環境保護政策。

(2) 符合有關國際與船旗國法規的操作說明書及程序書，以確保船舶安全營運與環境保護。

(3) 明定岸上與船上人員職權標準及其間相互聯繫管道。

(4) 意外事件及不符本章程規定的報告程序。

(5) 緊急狀況的準備及反應程序。

(6) 內部稽查及管理檢討程序。

其章程內容涵括有通則、安全與環保政策、公司責任與職權、指派人員、船長責任與職權、資源與人員、船上作業計畫的制訂、應變整備、發生不符意外及危害事件等的報告與分析、船舶及裝備的維護、文件、公司查核檢討與評估、發証查驗與管制等十三章。

7. 在有關海難救助、溢油污染及航行安全等方面，概依據《1973/1978 年防止船舶污染國際公約》（MARPOL 73/78 公約）為涵括排除傾倒經處理後廢棄物至海中的規定以外，所有經由船舶所排放污染的技術規定。其適用範圍遍及所有型式的船舶，但其並不適用於船舶進行探勘及開採海底資源時所造成的污染。該

MARPOL 73/78 公約包含有兩項議定書，即 (1) 以個別對意外污染事件處理作規定，其中包括事件在實質上的損害及仲裁。(2) 其對於防治各種形式污染等規定，則以附錄方式彙纂於公約中，其內容概括附錄一：油污染防治。附錄二：散裝有毒液體物質污染控制。附錄三：運載有害包裹物質污染防治。附錄四：船舶污水污染防治（尚未生效）。附錄五：船舶垃圾污染防治。附錄六：船舶廢氣污染防治（尚未生效）。另《1979 國際海上搜索與救助公約》（SAR 79 公約）主要目的在於提供有關搜救組織的基本架構，並且配合商船搜索與救助手冊 (MERSAR)、國際海事組織搜索與救助手冊 (IMOSAR) 及 1979 年所通過其他決議案與建議案等指示與規定，以便船舶在任何地點發生遇險事件，均能以迅速及高效率等方式進行搜救作業。換言之，在於藉由國際搜救計畫建立，以方便各政府間和參與搜救人員及團體等進行海上搜救合作，並且該安排作業應涵括有視為實際可行及必要性海事安全措施的建立、運轉及維修等。另該公約 1998 年修正案內容概括有 (1) 名詞與定義。(2) 組織與協調——有關搜救組織的基本架構、責任及權利機關指派、可供利用資源單位、通訊設施、協調及運作職能，及改善計畫、國內外合作關係與培訓等作業的程序。(3) 國家間合作——政府間進行海上搜救作業與航空服務協調間的合作。(4) 操作程序——規定每個搜救協調中心與搜救次中心等應擁有搜索與救助設施及通訊設備等最新信息，並且應有實施海上搜索與救助的詳細計畫。該公約

要求其締約國應保持對國際遇險頻率持續性守聽，海岸無線電台接收遇險信息所應採取行動的詳細要求，及搜救協調中心與搜救次中心等操作的詳細程序。(5) 船舶報告系統——設立船舶報告制度的建議，以提供最新船舶動態資料，進而協助遇險事故中的搜索與救助行動等五大章。對於海上搜索與救助作業是否成功取決於全球海上遇險及安全系統 (Global Maritime Distress and Safety System; GMDSS) 通訊系統所扮演的功能角色而定。

(二)現今應用科技與海巡執法構思

有關現今海巡應用科技設備方面，概括可區分為太空 (Space)、空中 (Sky)、表面 (Surface)、水中 (Sub-Sea) 及海床 (Sea-Bed) 等五大部份來進行說明，詳細分項敘述如下：

1. 太空——人造衛星系統 (Artificial Satellite System) (1) 法國國家太空研究中心 (The French Centre National d'Etudes Spatiales; CNES) 研發 SPOT (Systeme Pour l'Observation de la Terre) 系統：採用光學感測器 (Optical Sensor) 執行目標偵查任務。(2) 歐洲衛星協會 (European Satellite Association; ESA) 聯合研發完成歐洲遙控感測合成孔隙雷達 ERS SAR (European Remote-Sensing Synthetic Aperature Radar) 系統：即應用微波感測器 (Microwave Sensor) 實施目標偵蒐作業。(3) 美國航空暨太空總署 (National Aeronautics and Space Administration; NASA) 研發地球資源科技衛星 ERTS

(Earth Resources Technology Satellite) 系統：採用回波影像傳輸攝影機 (Return Beam Vidicon Cameras)、多頻譜掃描器 (Multi-spectral Scanner; MSS) 及實物要項描繪器 (Thematic Mapper; TM) 等光電設備組合進行目標偵防作業。

2. **空中**——航空載具系統 (1) 有人操控系統：定翼機 (Fixed-Wing Aircraft) 及旋翼機 (Rotary-Wing Plane)。(2) 無人操控系統：無人操控飛行載具 (Unmanned Aerial Vehicles; UAV)。

3. **表面**——(1) 水面載具系統：直昇機母艦、高航程遠洋巡邏艦、中航程離岸巡邏艦、近岸巡邏艇、沿岸硬殼軟缸橡皮快艇、自動扶正救難艇、大型救難艦、海洋油污處理船、環保消防船、海上起重作業船及海洋調查船等。(2) 陸面載具系統：雷達偵蒐車、岸際巡防車、陸基岸際雷達、光學監視儀、紅外線夜視儀及金屬探測器。

4. **水中**——水下作業載具系統 (1) 有人操控系統：核能動力潛水艦艇 (Nuclear Power Submarine)、柴電動力潛水艇 (Diesel-Electric Propelled Submarine) 及水下救難潛艇 (Submarine Rescue Vehicles; SRV)。(2) 無人操控系統：有纜拖曳式水下作業載具 (Underwater Remote-Operated Vehicles; ROV)、無纜自主式水下作業載具 (Autonomous Underwater Vehicles; AUV) 及無人水下遙控救難載具 (Remotely Operated Rescue Vehicles; RORV)。

5. **海床**——水下航行定位音波發射器、海底管路、海底纜線、海床工程 (Seabed Engineering)。

6. **指管通情監偵系統** (Command, Control, Communication, Computer, Intelligence, Surveillance and Reconnaissance; C4ISR) ──整合船橋系統 (IBS)、全球衛星導航定位系統 (GPS)、電子海圖顯示系統 (ECDIS)、自動識別系統 (AIS)、船舶航行資料記錄器 (VDR)、船舶交通管理服務系統 (VTMS) 及全球海上遇險及安全系統 (GMDSS) 等。

7. **整合資訊管理系統** (Integrated Information Management System) ──整合海洋沿岸區域資訊管理系統 (Integrated Coastal Management System; ICMS)、分散式資訊管理系統 (DIMS)、船舶交通管理服務系統 (VTMS)、漁船動態管理系統 (FDMS) 及漁船動態資料庫 (FMDD) 等。

六、討論與分析

我國海岸巡防署組織初創之際，又逢政府行政機關的組織精簡政策推展，因此其組織架構、任務目標、人員任用及設備編裝等重大要素均未能審慎嚴謹規畫得宜。作者本於個人對於我國海巡機關發展關懷及研究熱忱等，提供幾項海巡機關未來發展規畫建議，即應深入研習美國及日本等先進國家的海岸防衛隊組織，並且精闢剖析其與我國海巡機關的組織任務及主客觀環境等異同，以期去蕪存菁，強化組織管理，提昇我海巡署執法效能。至於我國海岸巡防署組織未來發展規畫要素方面，應

積極強調 (1) 海巡組織架構制度、(2) 制式能量應勤裝備、(3) 編制專業能力人員、(4) 海洋資訊管理服務系統、(5) 海巡執法勤務制度、(6) 專業績效評估管理及 (7) 無私為民服務精神教育等。

今檢視海洋巡防總局所屬各式艦艇，仍以近岸巡邏艇數量為多數，並不利於長時間海巡執勤，對維護我國鄰接區、專屬經濟海域或公海等權利尚且不足。近年來海洋巡防總局陸續接收財政部關稅總局所移撥多艘千噸級遠航程巡防艦（即和星艦、偉星艦、寶星艦等）、四艘新造六百噸級中航程巡防艦（即臺中艦、高雄艦、澎湖艦及花蓮艦）及自行籌建一艘五百噸級中航程巡防艦（即臺北艦）等，理應可適度調節海巡勤務需求。但關稅總局要求移用現有海洋巡防總局轄下多艘五十噸級及百噸級近岸巡邏艇等主力海巡船型，勢將嚴重影響海巡執法效能，因此應有必要重新檢討調整籌獲新式裝備規畫。

因應法定任務必須審慎籌獲海巡艦艇、航空器及指管通情系統等應勤執法設備，我國行政院海岸巡防署人員必須針對現今及未來任務特性及種類型態，先期確定且詳加研擬規畫。倘若現今或未來將兼負國防軍事任務，更應嚴謹考量設置輕型武器及其他相關裝備等規畫。根據海岸巡防署所擔負海巡專業任務範圍，作者認為工欲善其事，必先利其器。於是作者在已完成的水警警艇整體購建研究計畫內，亦對未來海巡艦艇籌建種類數量、佈署位置及優先順序等均有相當詳實討論建議。

隨後，筆者謹以個人長期深入研究海域巡防領域所得感想，即以海岸巡防署的未來發展願景、組織架構調整規畫、勤務指揮管控責任範圍

規畫、勤務指揮管控制度規畫、海巡應用科技設備規畫、人事任用制度規畫、人事管理制度規畫、正規教育訓練制度規畫及在職教育訓練制度規畫等九大項目，逐項討論分析如後。

對於我海岸巡防署未來發展願景方面，由於現今政府機關正屬行組織及預算精減管理策略，因此 (1) 海岸巡防署現有編制名額仍較先進國家海巡機構人員數量為多，諸如美國海岸防衛隊、日本海岸防衛隊及南韓海洋警察署等，應審慎針對實際需求再行精減調整人員數量。(2) 根據先進國家海巡機構組織架構研究分析結果，可以確知海巡編制人員數量應遠較岸巡人員數量為多，並且均以實施海域執法及海洋事務等為主要任務，因此我國未來海岸巡防署編制人員架構及組織任務目標等，亦應審慎參考先進國家海巡機構制度以調整之。(3) 我海岸巡防署組織管理應採行企業經營理念，樽節預算費用，確實精減人力，提昇組織功能績效，擴大執勤績效盈餘。(4) 針對執行各專責海巡任務的海勤及陸勤人員，應強化其個別專業執法及技能等在職教育訓練工作，諸如建立海岸巡防署人員在職教育訓練中心（類似美國海岸防衛隊基層訓練中心機構），培訓各種海域執法專長技能的種子教官，藉以調節岸海勤人員年齡結構；再者暢通岸海專業人才流通管道，以提振海巡人員工作士氣；並且，強化資深執勤人員經驗的累積傳承及改善提昇等。(5) 建立強化各海巡應用科技設備等專長的人力教育訓練中心機構，諸如海巡應用科技設備研發中心及船舶維修保養中心等，以確實建立基礎海巡船艇及海洋事務設備等保養維修能量，回饋未來海巡應用科技設備及船艦等研發

規畫。(6) 建立強化各海上交通管理、海洋污染防治、海難搜索救助及海洋資源保育等海洋事務專長的人力教育訓練中心機構,諸如海洋事務應用科技中心等,以確實建立基礎海洋事務設備等保養維修能量,回饋未來海洋事務科技設備應用研發及專業人員教育訓練課程等規畫。(7) 加強海岸巡防專業學理研究及實務研發等專業人力教育訓練,諸如設立海岸巡防學院或海岸巡防大學,以培育各級領導幹部、學術研究及勤務策略研發管理等海巡專業人力,健全未來海岸巡防署組織功能發展。(8) 研擬海岸巡防投資計畫說明書,從海岸巡防任務執勤制度及執法策略規劃,海岸巡防整體海巡應用科技設備購建規劃,海岸巡防整體海洋事務應用科技設備購建規劃,海巡專業人力教育訓練、設備購置及預算編列等需求時程編訂規劃,至完整海岸巡防白皮書等重要海巡文件,說服行政院及立法院等積極投資我海岸巡防署機構,進而充實編制海巡資源,擴大海巡任務執法績效。

有關現行海巡署組織架構調整規畫方面,諸如 (1) 應將現有機關編制人員迅速實施「岸海合一」專案,確實整合為一群有組織有紀律的海巡執法專業文職人員。(2) 組織專責目標應以執行海域執法及海洋事務等任務為主,諸如海域犯罪偵防、海域交通安全、海洋污染防治、海難搜索救護、海域環境保育及海域漁業巡護等任務。另以執行漁港安檢及沿岸管制區陸巡保安等執法任務為輔,而陸巡保安業務應與各縣市警察局治安專責機關密切合作,以落實打擊犯罪維護治安職責。因此組織目標應定位於以執行海域執法及海洋事務等任務為主,而以執行漁港安檢

及沿岸管制區陸巡保安等執法任務為輔。(3) 因為海巡署人員任用方式應可採用警察人員任用條例作適當修改後使用之，所以其組織架構亦可採用警政署、縣市警察局及警察分局等架構模式進行規畫，若此即可順利推展海巡業務。於是作者建議海岸巡防署組織架構可採海巡署、區域海巡局及海巡分局等模式進行規畫，並且在海巡署下設空中偵巡隊及直屬海巡艦隊，在區域海巡局下設機動海巡船隊，在各海巡分局下設海巡隊、陸巡隊及查緝隊等，以落實組織海域/海岸執法，及海洋事務等任務目標。(4) 署本部應設立裝備技術、海洋事務、執法勤務及通電資訊等，以為海巡執法政策及應用科技設備等研發規畫參考。(5) 署本部應設立海洋事務發展委員會及海洋應用科技委員會等，以為海巡執法政策及應用科技設備等研發規畫參考。(6) 署本部應設立法規委員會等，以為海巡執法規範建置等研發參考。(7) 署本部設立海巡及海務等專業領導幹部研習教育訓練中心（諸如海岸巡防學院等），以強化海巡執法基層人員及領導幹部等人力教育訓練成效。(8) 署本部設立海巡及海務等專業人員研習訓練中心（諸如海岸防衛隊人員訓練中心），以強化海巡執法基層人員及領導幹部等人力在職教育訓練成效。

有關海巡勤務指揮管控責任範圍規畫方面，諸如 (1) 各河口至沿岸三浬範圍內水域由沿岸軟缸橡皮快艇設備進行執法任務。(2) 沿岸三浬向外延伸至十二浬領海範圍內水域由現有三十噸級、三十五噸級、五十噸級及六十噸級等近岸巡邏艇負責海巡執法任務。(3) 自十二浬領海向外延伸至廿四浬鄰接區範圍內水域由現有百噸級海巡艇，機動船隊及直

屬船隊一百噸級、二百噸級、四百噸級、五百噸級及六百噸級等中航程巡邏艦，負責海巡執法任務。(4) 自廿四浬向外延伸至兩百浬專屬經濟區範圍內或國際公海水域由現有直屬船隊及機動船隊的八百噸以上各級高航程巡邏艦，負責海域執法及漁業巡護等任務。(5) 規畫購建自動扶正式救難艇負責近岸水域海難人員救援任務。(6) 移撥現有五十五噸級鋼質海巡艇執行小型擱淺船艇拖救及海洋資源保育等任務。(7) 規畫購建海洋污染處理船及相關設備執行海洋污染防治任務。(8) 規畫購置航空器設備負責海域巡邏、救難及犯罪偵防等任務。(9) 規畫購建岸際監控雷達系統負責近海及岸際水域、或沿岸陸地等可疑目標犯罪偵防任務。(10) 規畫購建海巡觀通指參設施負責各目標情報資訊的獲得、傳輸、記錄及分析等海巡任務。

有關海巡勤務指揮管控制度規畫方面，諸如 (1) 廿四浬鄰接區水域邊界採用定點海巡船艦巡邏警網，負責執行各出入水域船舶及人員等安檢犯罪偵防任務。(2) 十二浬領海水域邊界採用定點海巡船艇巡邏警網，負責執行各出入水域船舶及人員等安檢犯罪偵防任務。(3) 六浬近岸水域內採用海巡船艇機動警網，負責執行各出入水域船舶及人員等安檢犯罪偵防任務。(4) 沿岸陸地管制及漁港安檢所等區域內宜採用巡邏警網與機動警網併用，負責執行各出入水域船舶及人員等安檢犯罪偵防任務。(5) 海巡艦艇監視雷達所得近岸、領海及鄰接區等水域的可疑目標安檢監控及犯罪偵防等情資，並且配合岸際目標監控雷達、夜視及通資等系統設施所得沿岸水域及陸地管制區等的可疑目標安檢監控及犯罪

偵防等情資，透過海巡勤務指揮中心作海巡情資彙整，最終與偵防查緝隊情資作一整合分析研判，進而提供海巡勤務指揮官下達海巡任務執法作為參考。(6) 因海巡犯罪偵防情資理應海巡艦載雷達最先取得，岸際監控雷達所得情資為後，並且海域天候海況及航海技能等專業知識因素，所以海巡署指參管控策略規畫及任務實施均應恪守以海領陸的無二準則。(7) 規畫建設海巡情報電子資料庫系統，以有效彙整分析海巡艦艇監視雷達、岸際目標監控雷達及偵防查緝隊等所蒐集海巡情資，進而杜絕海上非法活動，裨益海洋事務順利推展。(8) 有關海洋事務勤務制度規畫宜採平時定期巡邏警網及緊急機動警網併用，以確實提昇平時保安緊急救援效能。

有關現行海巡應用科技設備規畫方面，諸如 (1) 補足編制海巡艦艇數量及規劃現有海巡船艇汰舊換新時程。(2) 設計建造專責新型高速近岸巡邏艇（適用於近岸三浬向外延伸至廿四浬鄰接區海域）及沿岸軟缸橡皮快艇（近岸三浬巡防及河搜應用）等。(3) 規劃籌獲耐航性佳中遠航程巡邏艦 (Medium/High Endurance Offshore Patrol Vessel；適用於廿四浬向外延伸至兩百浬專屬經濟區海域) 及大型直昇機母艦 (Helicopter Carrier) 等。(4) 規劃籌獲自動扶正式救難船艇 (Search and Rescue Boat/Motor Life Boat; MLB)、硬殼充氣式救難船 (Rigid Inflatable Boat; RIB) 及多功能拖船 (Multi-purpose Tug Boat) 等。(5) 籌獲海洋環保船及油污染處理船 (Crude Oil Recovery Vessel)。(6) 籌獲海洋消防船 (Fire-fighting Vessel)。(7) 籌獲海洋起重船 (Sea Lifter)、海洋資訊調查船

(Oceanographic Survey Vessel) 及海洋研究船 (Ocean Research Vessel) 等。(8) 規畫籌建海下探勘救難特種用途潛艇及無人水下載具 (ROV) 等。(9) 規畫籌獲定翼航空器、旋翼航空器、直昇機及無人飛行載具 (UAV) 等。(10) 力求各式航空器及船型種類單純化，以利提昇日後海巡應用科技設備的維修後勤及備件庫存管理績效。(11) 規畫建購海洋污染檢測、海難搜救及海洋事務等應用設備。(12) 架設海域船位目標電子岸際監控雷達、夜視及通資等系統設施，落實管轄岸際水域監管及通聯等任務作業。(13) 改善現行勤務規畫實施方式，應採巡邏警網及機動警網等兩種型態相互支援兼顧，以樽節勤務實施費用成本，有效提昇海巡任務績效。

　　有關海巡人事任用制度規畫方面，以最終海巡署編制人員均屬國家考試及格的文職人員為主，因此建議將其概分海勤人員及陸勤人員等兩大類，其中 (1) 海勤文職人員應可以原內政部警政署水上警察局海巡人員及財政部關稅總局海務人員等任用制度為基礎進行修改調整。(2) 陸勤文職人員亦應可以內政部警政署警務人員任用制度為基礎進行修改調整。至於現有軍職人員均應遵循國家文官考選任用制度，儘速透過國家海巡人員特種考試及格，取得正式文職人員資格，以確切落實國家文官任用制度真諦。(3) 各級人員任用均需定期進行專長職能簽證，以確實提昇編制人員海巡執法品質及績效。

　　有關海巡人事管理制度規畫方面，基層海巡人員陞遷管道必須審慎研議開放，以順應文官考用合一精神，並且輔以嚴格考核淘汰制度。對

於績效不良海巡官長亦應考慮降職懲處，建立公平、公正及公開的人事管理制度，以有效激勵基層海巡人員努力向上士氣。故特別建議我海岸巡防署的人事管理制度應可採用美國海岸防衛隊作法，諸如其編制內中低階領導幹部人員約有六成由海岸防衛學院（如警大水警系所）及四成由海岸防衛隊基層訓練中心（如警專海巡科）等畢業同仁拔擢晉陞所組成。並且必須每年接受定期專長訓練考核簽證，以維持其有適任執勤管理職能，確實擔負國家所賦予海巡執法任務，不負社會大眾所期望。

　　有關海巡人員正規教育訓練制度規畫方面，諸如 (1) 基層海巡人員教育：警專海洋巡防科。(2) 海巡領導幹部教育：中央警察大學水上警察學系二年制技術及四年制正科等。(3) 海巡專業學術深造教育：中央警察大學水上警察研究所。(4) 海域執法研究：設立海域執法研究中心。(5) 海巡應用科技研究：設立海巡應用科技研究中心。(6) 海洋事務規畫研究：設立海洋事務執行策略規畫研究中心。(7) 海域執法及海巡技術等相關學程推廣教育：台灣海洋大學、國防大學、中正理工學院及高雄海事技術學院等校協助教育訓練工作推廣。(8) 籌設海岸巡防學院或海岸巡防大學：先期發展應可以現有水上警察教育體系為基礎，融合國境警察及岸巡等相關執法及工程學科，進而發展成為海巡學院雛型。考慮實際海巡人員執法任務及海巡岸巡專業師資等層面，先期海巡學院籌設應以依附中央警察大學為宜，亦可耳濡目染塑造術德兼備文武合一的海巡執法人才。未來伺時機成熟發展為獨立學院，再視未來海巡署任務需求型態，擴增相關電機、土木、造船、航海、輪機及海洋科學等學

程,最終以設立海岸巡防大學為目標。

有關海巡人員在職教育訓練制度規畫方面,諸如 (1) 組織專責目標應以執行海域執法及海洋事務等任務為主,諸如海域犯罪偵防、海域交通安全、海洋污染防治、海難搜索救護、海域環境保育及海域漁業巡護等任務。(2) 署本部設立海巡及海務等專業人員研習訓練中心(諸如海岸防衛隊人員訓練中心),以強化海巡執法基層人員及領導幹部等人力在職教育訓練成效。(3) 研習中心專責建立海巡執法、海巡技術、海巡行政、海洋巡護、海巡通訊及海巡科技設備等各專業在職教育訓練相關機構網路系統、彙編各海巡專業科目教育訓練課程內容及教學績效評鑑、規畫構建海巡人員及領導幹部的基礎教育、深造教育及在職訓練等制度。(4) 建立強化各海巡應用科技設備等專長的人力教育訓練中心機構,諸如海域執法實務研究中心等,以確實著重於海巡執法相關法理研究及實務應用討論,諸如小三通政策執法、海巡法規討論、國際海洋法研究、漁港安檢執法、海洋污染防治執法、海事案件偵辦移送、海上犯罪偵查討論及走私偷渡執法等。(5) 建立強化各海巡應用科技設備等專長的人力教育訓練中心機構,諸如海巡應用科技設備研發中心及船舶維修保養中心等,以確實建立基礎海巡船艇及海洋事務設備等保修能量,回饋未來海巡應用科技設備及船艦等研發規畫。(6) 建立強化各海上交通管理、海洋污染防治、海難搜索救助及海洋資源保育等海洋事務專長的人力教育訓練中心機構,如海洋事務應用科技中心等,以確實建立基礎海洋事務設備等保修能量,回饋未來海洋事務科技設備應用研發及專

業人員教育訓練課程等規畫。

目前政府預算額度有限，雖然數量多艦艇查緝能力相對提高，但不可能無限制地籌獲新艦艇。宜參考美國海岸防衛隊的組織編制精實計畫構想，推動績效管理，提昇執勤效能，適度精簡編制人力及設備預算規模。海軍與海洋巡防總局為我國政府在海上執勤機關，未來海洋巡防總局除加強與外國海岸巡防機關交流合作外，亦應積極與海軍在艦艇、航空器及指管通情系統等科技資訊分享應用，以適度避免國家預算重複編列，適切籌獲性能佳及妥善率高的海巡應用艦艇及相關設備，以順利達成國家託付海巡執法任務。

七、結論與建議

全球世界各地的區域性港口國管制才剛剛開始起步，未來發展將著重在資訊及協調等作業程序及訓練等交流方面，將進行更正面積極意義的工作項目。若能有效蒐集更豐富相關統計資料及數據等，並且能與其他港口國管制協議組織秘書處作資訊交流，其結果將大幅提昇對有關海路運輸次標準船的認識。然此資訊效能不僅相當有用，其亦可提供海事團體對於海上意外事故案件的原因調查，較以往有較佳的分析及準確查明機會，以有效防止意外事故再次發生。

另外，其所提供資訊亦將有效協助港口國管制作業的順利運作。尤其對於長期以來，因船舶業者心態改變，導致傳統上經常被忽視未予以

解決問題，提供一有效的因應對策。縱使竭力改善船旗國確保第一線船舶管理的有效實施，國際海事組織仍認為先期工作推展將是極為困難。同時有效區域性協議制度的工作推展項目等，概括有查驗及扣船程序的協調、國際認可丈量查驗人員證書及區域間資訊傳遞等作業，均對於船旗國與港口國所賦予的管理職責造成相當影響。另區域性港口國管制的控制程序業已開始實施，今後船旗國本身對船舶管理的改善努力及有效執行等，將是確保船舶海上航行安全的最重要工作一環。

深切體認攸關諸多國際公約規定的船舶安全及港口國管制等法案，均能對海巡執法提供許多實質助益，因此我國應可再行制訂允許實施港口國管制的若干配合條款規定等，以有效實現海域航行安全及落實海巡執法等政策目標。在本文中亦針對各相關港口國管制的國際公約，諸如《1974 年國際海上人命安全公約》(SOLAS 74)、《1966 年國際載重線公約》(LL 66)、《1973/1978 國際年船舶污染防止公約》(MARPOL 73/78)、《1978 年國際航海人員訓練，發證及當值標準公約》(STCW 78)、《1969 國際船舶噸位丈量公約》(Tonnage 69) 及《商船最低標準公約》(ILO 76) 證書規定等，逐項簡要說明。

關於港口國管制程序的 A787 (19) 號決議案。即針對港口國管制的相關執行程序，諸如船舶查驗、擴大查驗、不符標準船舶處理及報告內容格式等項目，均提出概要的施行原則，可供世界各國參考採用實踐。至於有關 A787 (19) 號決議案內容，概略可分為六大章及七項附錄等，諸如第一章通則、第二章港口國查驗、第三章擴大查驗、第四章違規及

扣船處理、第五章報告的規定要求、第六章複檢程序、附錄一留置船舶指導手冊、附錄二執行 MARPOL 73/78 附錄一有關船舶調查及查驗工作的指導手冊、附錄三執行 MARPOL 73/78 附錄二有關船舶調查及查驗工作的指導手冊、附錄四船舶證書及文件表列、附錄五查驗報告、附錄六 MARPOL 73/78 公約的違規報告及附錄七船旗國對於缺失報告的意見註解等。

對於次標準船舶管制方面，將被以兩港口間持續不斷的資訊交換方式，以實施確實有效監控。無論如何，區域性合作的最大優點在於確保所有國家均能以一致方式實施港口國查驗作業。最後，關於區域組織內扣船及港口國管制的訓練實施作業均能提供一相同標的執行程序準則。有關現行運作中的區域性港口國管制協議組織共計有七個，即巴黎港口國管制協議、拉丁美洲港口國管制協議、亞太平洋港口國管制協議、加勒比海地區港口國管制協議、地中海地區港口國管制協議、印度洋港口國協議備忘錄及中西非地區港口國管制協議備忘錄等。至於各協議組織名稱、會員國數目、觀察員組織、目標船查驗率、相關適合公約及文書、特別注意事項、簽署日期及正式語言等均有詳細說明。另波斯灣及黑海等兩個區域性港口國管制協議組織，則是現行正在積極發展中的區域性港口國管制協議組織。

有關國際整合作業，來自區域內外的有力支持是必要的，尤其在多數為發展中國家所新建立的港口國管制協議組織。就區域內而言，所有主動參與會員國應嚴格執行協議組織內容。另就區域外而言，一方面

經由其他運作完善的地區協議組織所提供專業技術及一般性指導，另一方面則藉由捐贈者所提供援助資金，以實施查驗培訓課程等。國際海事組織正積極發展一項全球性計畫，藉以協助各區域港口國管制協議組織順利實施，概其工作內容涵括有彼此間運作協調、人力資源發展及資訊交換合作等。在一般性作業所面對疑難問題中，藉由協議組織實施及區域間互動作業等所得經驗，將更加確認推展全球性合作的迫切性及有效性。

　　港口國管制查驗作業內容涵概船舶性能檢查、人員適任簽證、海上操作技能確認及貨物安全檢查等，應可確實將次標準船擯除於我國領海管轄範圍外，大幅降低海上走私偷渡的非法犯罪機率。並且可避免船舶海難、溢油污染、環境受損及資源濫用等事件發生，進而有助於海巡署的海域執法及海事服務等法定任務的順利達成。至於相關港口國管制及相關國際公約規定現今民用科技等，對於海巡執法勤務規畫的應用邏輯概念，簡述如下：

(1) 在基隆、臺北、臺中、臺南、高雄、花蓮及蘇澳等國際商港實施港口國管制作業，針對船舶結構、設備、船員、船貨及船上作業等方面進行查驗，藉以杜絕次標準船、不適任船員、未報關私貨及未受檢人員等。

(2) 在國際商港處外的各級國內商漁港處，亦應遵循港口國管制作業精神，實施漁港安檢所的法定查驗工作。因此漁港安檢所能否有效針對進出港口的船舶、船員、船貨及船上作業等方面審

慎查驗工作，即是阻截海上犯罪於岸際的重要關鍵，亦是岸巡執法的首要任務。

(3) 為求提昇船舶航行安全及降低海上船難頻率，國際海事組織建議各國採用海上船舶交通管理服務系統。各國必須先行在國際商港劃定航路，設置分道航行制，以有效管制進出港船舶航行。該管理系統的基本功能概涵括有海上交通資料搜集、資料評估、航海資訊服務、航行協助服務、海上污染監督、海上搜索救援協調、交通組織服務及支援聯合行動等。為有效達成上述目的，該管理系統中心必須藉由雷達、無線電及其他硬體設備等，並且配合網路系統，蒐集及傳輸相關資訊至各有關船舶或組織，以確實執行港口安全規定。建置船舶自動識別系統，其主要目的在於有效執行船舶航行管理及防止海上碰撞事件發生等，即為一種船用廣播詢答系統，在特高頻海事頻帶區間進行作業，能將船舶資訊傳送至其他船舶或岸際。另裝設船舶航行資料記錄器能確實有效掌握船舶海上動態資訊，可持續保存長達 12 小時船上活動紀錄，諸如航行日期、時間、位置、航向、航速、語音，及遵循最新國際海事組織規定雷達訊號的若干關鍵參數等。事實上，該系統紀錄器必須由擁有高靈敏音響測聽、高解析目標偵視及高容量資料儲存等功能設備所組成，其可提供高品質音響及視訊等紀錄資料，尤其對於海上犯罪偵查及海事鑑定等偵辦作業的有效性及時效性均俱有重大意義。

(4) 我國遠洋沿岸近海作業漁船的漁船動態資料庫及漁船動態管理系統等設置作業，是由農委會漁業署正積極主導推廣，提供即時、正確與動態船位，及船籍資訊等。其主要目的在於杜絕漁船走私未稅農畜產品、煙酒禁藥槍毒、人蛇偷渡及違法捕撈，甚至提昇漁船海難救援、近海漁業資源保育管理、公海漁撈配額計算、漁業用油補貼及未來漁船廢氣排放估算等績效，藉以有效掌握漁船動態及加強漁業資源管理，即為我國漁政、防疫、環保、航安及治安等工作要務。

(5) 有關船舶性能檢查作業方面，概可依據處理海事安全問題的基本國際文件——《1974 年國際海上人命安全公約》所規定條文進行檢驗工作。其主要目的是對於船舶結構、設備及操作，明確制訂適於航行安全的最低標準規範。依據此作業程序實施船舶查驗工作，即可順利排除次標準船、減少海上船難及溢油污染等海巡執法要務，亦可有助於海上陸上防制非法犯罪情事發生。現今全世界中最為瞭解船舶性能者，仍以各驗船協會為佳。因此在船舶檢驗的技術層面應是由國際船級社協會為主導，船舶安全管理制度推展方可獲致事半功倍的成效。

(6) 有關海上作業人員適任簽證及海上技能確認等方面，概依據《1978 年國際航海人員訓練、發證及當值標準公約》的國際通用標準船員訓練、認證及當值等基本規定。對船員的認證及發照等均作詳細概括性廣泛規定，其中涵括要項說明，並且對於

海上期間主管艙面、機艙及無線電等部門的當值資深船副,及負責當值的普通船員等,均要求需取得一經由正式認可核發的有效證書。另亦根據《1993 國際安全管理章程》所規定實施海上安全管理制度的查驗工作。該章程的主要目的在於確保海上安全、防止人員傷害或喪失生命及避免損及環境,尤其是海洋環境及保育資源等。

(7) 在有關海難救助、溢油污染及航行安全等方面,概依據《1973/1978 年國際船舶污染防止公約》是為涵括排除傾倒經處理後廢棄物至海中的規定以外,所有經由船舶所排放污染的技術規定。其適用範圍遍及所有型式的船舶,但並不適用於船舶進行探勘及開採海底資源時所造成的污染。另《1979 國際海上搜索與救助公約》主要目的在於提供有關搜救組織的基本架構,並且配合商船搜索與救助手冊、國際海事組織搜索與救助手冊及 1979 年所通過其他決議案與建議案等指示與規定,以便船舶不論在任何地點發生遇險事件,均能以快速度及高效率等方式進行搜救作業。總括而論,海上搜索與救助作業成功與否關鍵,取決於全球海上遇險及安全系統的通訊系統所扮演功能角色而定。

有關現今海巡應用科技設備方面,概括可區分為太空、空中、表面、水中及海床等五大部份來進行說明,分項簡述,即

1. 太空──人造衛星系統 (1) 法國國家太空研究中心研發 SPOT 系

統：光學感測器。(2) 歐洲衛星協會研發遙控感測 ERS SAR 系統：微波感測器。(3) 美國航空暨太空總署研發 ERTS 系統：回波影像傳輸攝影機、多頻譜掃描器及實物要項描繪器。

2. 空中——航空載具系統 (1) 有人操控系統：定翼機及旋翼機。(2) 無人操控系統：無人操控飛行載具。

3. 表面——(1) 水面載具系統：直昇機母艦、高航程遠洋巡邏艦、中航程離岸巡邏艦、近岸巡邏艇、沿岸硬殼軟缸橡皮快艇、自動扶正救難艇、大型救難艦、海洋油污處理船、環保消防船、海上起重作業船及海洋調查船等。(2) 陸面載具系統：雷達偵蒐車、岸際巡防車、陸基岸際雷達、光學監視儀、紅外線夜視儀及金屬探測器。

4. 水中——水下作業載具系統 (1) 有人操控系統：核能動力潛水艦艇及柴電動力潛水艇。(2) 無人操控系統：有纜拖曳式水下作業載具及無纜自主式水下作業載具。

5. 海床——水下航行定位音波發射器、海底管路、海底纜線、海床工程。

6. 指管通情監偵系統——整合船橋系統、全球衛星導航定位系統、電子海圖顯示系統、自動鑑別系統、船舶航行資料記錄器、船舶交通管理服務系統及全球海上遇險及安全系統等。

7. 整合資訊管理系統——整合海洋沿岸區域資訊管理系統、分散式資訊管理系統、船舶交通管理服務系統、漁船動態管理系統及漁船動態資料庫等。

　　筆者謹以個人長期深入研究海域巡防領域所得感想，即以海岸巡防署的未來發展願景、組織架構調整規畫、勤務指揮管控責任範圍規畫、勤務指揮管控制度規畫、海巡應用科技設備規畫、人事任用制度規畫、人事管理制度規畫、正規教育訓練制度規畫及在職教育訓練制度規畫等九大項目，逐項討論研析建議，以為我海岸巡防署未來組織再造、勤務規畫及效能提昇等參考，簡述如後：

　　對於我海岸巡防署未來發展願景方面，由於現今政府機關正屬行組織及預算精減管理策略，因此 (1) 海岸巡防署現有編制員額仍較先進國家海巡機構人員數量為多，應審慎針對實際需求再行精減調整人員數量。(2) 根據先進國家海巡機構組織架構研究分析結果，可以確知海巡編制人員數量應遠較岸巡人員數量為多，並且均以實施海域執法及海洋事務等為主要任務，因此我國未來海岸巡防署編制人員架構及組織任務目標等，亦應審慎參考先進國家海巡機構制度以調整之。(3) 我海岸巡防署組織管理應採行企業經營理念。(4) 針對執行各專責海巡任務的海勤及陸勤人員，應強化其個別專業執法及技能等在職教育訓練工作，諸如建立海岸巡防署人員在職教育訓練中心（類似美國海岸防衛隊基層訓練中心機構），培訓各種海域執法專長技能的種子教官。(5) 建立強化各海巡應用科技設備等專長的人力教育訓練中心機構，諸如海巡應用科技設備研發中心及船舶維修保養中心等。(6) 建立強化各海上交通管理、海洋污染防治、海難搜索救助及海洋資源保育等海洋事務專長的人力教育訓練中心機構，諸如海洋事務應用科技中心等。(7) 加強海岸巡

防專業學理研究及實務研發等專業人力教育訓練，諸如設立海岸巡防學院或海岸巡防大學。(8) 研擬海岸巡防投資計畫說明書，從海岸巡防任務執勤制度及執法策略規劃，海岸巡防整體海巡應用科技設備購建規劃，海岸巡防整體海洋事務應用科技設備購建規劃，海巡專業人力教育訓練、設備購置及預算編列等需求時程編訂規劃，至完整海岸巡防白皮書等重要海巡文件。

　　有關現行海巡署組織架構調整規畫方面，諸如 (1) 應將現有機關編制人員迅速實施「岸海合一」專案。(2) 組織專責目標應以執行海域執法及海洋事務等任務為主，諸如海域犯罪偵防、海域交通安全、海洋污染防治、海難搜索救護、海域環境保育及海域漁業巡護等任務。另以執行漁港安檢及沿岸管制區陸巡保安等執法任務為輔，且陸巡保安業務應與各縣市警察局治安專責機關密切合作，以落實打擊犯罪維護治安職責。(3) 因為海巡署人員任用方式應可採用警察人員任用條例為主修改適用之，所以其組織架構亦可採用警政署、縣市警察局及警察分局等架構模式進行規畫，如此即可順利推展海巡業務。於是可建議海岸巡防署組織架構可採海巡署、區域海巡局及海巡分局等模式進行規畫，並且在海巡署下設空中偵巡隊及直屬海巡艦隊，在區域海巡局下設機動海巡船隊，在各海巡分局下設海巡隊、陸巡隊及查緝隊等，以落實組織海域/海岸執法，及海洋事務等任務目標。(4) 署本部應設立裝備技術、海洋事務、執法勤務及通電資訊等專責幕僚單位。(5) 署本部應設立海洋事務發展委員會（事務法制）及海洋應用科技委員會（應用科技）等參謀

幕僚單位。(6) 署本部應設立法規委員會等,作為海巡執法規範建置等研發參考。(7) 署本部設立海巡及海務等專業領導幹部研習教育訓練中心(諸如海岸巡防學院等),以強化海巡執法基層人員及領導幹部等人力教育訓練成效。(8) 署本部設立海巡及海務等專業人員研習訓練中心(諸如海岸防衛隊人員訓練中心),以強化海巡執法基層人員及領導幹部等人力在職教育訓練成效。

　　有關海巡勤務指揮管控責任範圍規畫方面,諸如 (1) 各河口至沿岸三浬範圍內水域由沿岸軟缸橡皮快艇設備進行執法任務。(2) 沿岸三浬向外延伸至十二浬領海範圍內水域由現有三十噸級、三十五噸級、五十噸級及六十噸級等近岸巡邏艇負責海巡執法任務。(3) 自十二浬領海向外延伸至廿四浬鄰接區範圍內水域由現有百噸級海巡艇,機動船隊及直屬船隊一百噸級、二百噸級、四百噸級、五百噸級及六百噸級等中航程巡邏艦,負責海巡執法任務。(4) 自廿四浬向外延伸至兩百浬專屬經濟區範圍內或國際公海水域由現有直屬船隊及機動船隊的八百噸以上各級高航程巡邏艦,負責海域執法及漁業巡護等任務。(5) 規畫購建自動扶正式救難艇負責近岸水域海難人員救援任務。(6) 移撥現有五十五噸級鋼質海巡艇執行小型擱淺船艇拖救及海洋資源保育等任務。(7) 規畫購建海洋污染處理船及相關設備執行海洋污染防治任務。(8) 規畫購置航空器設備負責海域巡邏、救難及犯罪偵防等任務。(9) 規畫購建岸際監控雷達系統負責近海及岸際水域、或沿岸陸地等可疑目標犯罪偵防任務。(10) 規畫購建海巡觀通指參設施負責各目標情報資訊的獲得、傳

輸、記錄及分析等海巡任務。

　　有關海巡勤務指揮管控制度規畫方面，諸如 (1) 廿四浬鄰接區水域邊界採用定點海巡船艦巡邏警網，負責執行各出入水域船舶及人員等安檢犯罪偵防任務。(2) 十二浬領海水域邊界採用定點海巡船艇巡邏警網，負責執行各出入水域船舶及人員等安檢犯罪偵防任務。(3) 六浬近岸水域內採用海巡船艇機動警網，負責執行各出入水域船舶及人員等安檢犯罪偵防任務。(4) 沿岸陸地管制及漁港安檢所等區域內宜採用巡邏警網與機動警網併用，負責執行各出入水域船舶及人員等安檢犯罪偵防任務。(5) 海巡艦艇監視雷達所得近岸、領海及鄰接區等水域的可疑目標安檢監控及犯罪偵防等情資，並且配合岸際目標監控雷達、夜視及通資等系統設施所得沿岸水域及陸地管制區等的可疑目標安檢監控及犯罪偵防等情資，透過海巡勤務指揮中心作海巡情資彙整，最終與偵防查緝隊情資作一整合分析研判，進而提供海巡勤務指揮官下達海巡任務執法作為參考。(6) 因海巡犯罪偵防情資理應海巡艦載雷達最先取得，岸際監控雷達所得情資為後，並且海域天候海況及航海技能等專業知識因素，所以海巡署指參管控策略規畫及任務實施均應恪守以海領陸的無二準則。(7) 規畫建設海巡情報電子資料庫系統，以有效彙整分析海巡艦艇監視雷達、岸際目標監控雷達及偵防查緝隊等所蒐集海巡情資，進而杜絕海上非法活動，有益於海洋事務順利推展。(8) 有關海洋事務勤務制度規畫宜採平時定期巡邏警網及緊急機動警網併用，以確實提昇平時保安緊急救援效能。

　　有關現行海巡應用科技設備規畫方面，諸如 (1) 補足編制海巡艦艇數量及規劃現有海巡船艇汰舊換新時程。(2) 設計建造專責新型高速近岸巡邏艇（適用於近岸三浬向外延伸至廿四浬鄰接區海域）及沿岸軟缸橡皮快艇（近岸三浬巡防及河搜應用）等。(3) 規劃籌獲耐航性佳的中遠航程巡邏艦 (Medium/High Endurance Offshore Patrol Vessel；適用於廿四浬向外延伸至兩百浬專屬經濟區海域) 及大型直昇機母艦 (Helicopter Carrier) 等。(4) 規劃籌獲自動扶正式救難船艇 (Search and Rescue Boat/Motor Life Boat; MLB)、硬殼充氣式救難船 (Rigid Inflatable Boat; RIB) 及多功能拖船 (Multi-purpose Tug Boat) 等。(5) 籌獲海洋環保船及油污染處理船。(6) 籌獲海洋消防船。(7) 籌獲海洋起重船、海洋資訊調查船及海洋研究船等。(8) 規畫籌建海下探勘救難特種用途潛艇及無人水下載具等。(9) 規畫籌獲定翼航空器、旋翼航空器、直昇機及無人飛行載具等。(10) 力求各式航空器及船型種類單純化，以利提昇日後海巡應用科技設備的維修後勤及備件庫存管理績效。(11) 規畫建購海洋污染檢測、海難搜救及海洋事務等應用設備。(12) 架設海域船位目標電子岸際監控雷達、夜視及通資等系統設施，落實管轄岸際水域監管及通聯等任務作業。(13) 改善現行勤務規畫實施方式，應採巡邏警網及機動警網等兩種型態相互支援兼顧，以樽節勤務實施費用成本，有效提昇海巡任務績效。

　　有關海巡人事任用制度規畫方面，以最終海巡署編制人員均屬國家考試及格的文職人員為主，因此建議將其概分海勤人員及陸勤人員等兩

大類，其中 (1) 海勤文職人員應可以原內政部警政署水上警察局海巡人員及財政部關稅總局海務人員等任用制度為基礎進行修改調整。(2) 陸勤文職人員亦應可以內政部警政署警務人員任用制度為基礎進行修改調整。至於現有軍職人員均應遵循國家文官考選任用制度，儘速透過國家海巡人員特種考試及格，取得正式文職人員資格，以確切落實國家文官任用制度真諦。(3) 各級人員任用均需定期進行專長職能簽證，以確實提昇編制人員海巡執法品質及績效。

有關海巡人事管理制度規畫方面，基層海巡人員陞遷管道必須審慎研議開放，以順應文官考用合一精神，並且輔以嚴格考核淘汰制度。對於績效不良海巡官長亦應考慮降職懲處，建立公平、公正及公開的人事管理制度，以有效激勵基層海巡人員努力向上士氣。故特別建議我海岸巡防署的人事管理制度應可採用美國海岸防衛隊作法，諸如其編制內中低階領導幹部人員約有六成由海岸防衛學院（如警大水警系所）及四成由海岸防衛隊基層訓練中心（如警專海巡科）等畢業同仁拔擢晉陞所組成。並且必須每年接受定期專長訓練考核簽證，以維持其有適任執勤管理職能，確實擔負國家所賦予海巡執法任務，不負社會大眾所期望。

有關海巡人員正規教育訓練制度規畫方面，諸如 (1) 基層海巡人員教育：警專海洋巡防科。(2) 海巡領導幹部教育：中央警察大學水上警察學系二年制技術及四年制正科等。(3) 海巡專業學術深造教育：中央警察大學水上警察研究所。(4) 海域執法研究：設立海域執法研究中心。(5) 海巡應用科技研究：設立海巡應用科技研究中心。(6) 海洋事務

規畫研究：設立海洋事務執行策略規畫研究中心。(7) 海域執法及海巡技術等相關學程推廣教育：台灣海洋大學、國防大學、中正理工學院及高雄海事技術學院等校協助教育訓練工作推廣。(8) 籌設海岸巡防學院或海岸巡防大學：先期發展應可以現有水上警察教育體系為基礎，融合國境警察及岸巡等相關執法及工程學科，進而發展成為海巡學院雛型。在考慮實際海巡人員執法任務及海巡岸巡專業師資等層面後，先期海巡學院籌設應以依附中央警察大學為宜，亦可耳濡目染塑造術德兼備文武合一的海巡執法人才。未來伺時機成熟發展為獨立學院，再視未來海巡署任務需求型態，擴增若干相關電機、土木、造船、航海、輪機及海洋科學等學程，最終以設立海岸巡防大學為目標。

有關海巡人員在職教育訓練制度規畫方面，諸如 (1) 組織專責目標應以執行海域執法及海洋事務等任務為主，諸如海域犯罪偵防、海域交通安全、海洋污染防治、海難搜索救護、海域環境保育及海域漁業巡護等任務。(2) 署本部設立海巡及海務等專業人員研習訓練中心（諸如海岸防衛隊人員訓練中心），以強化海巡執法基層人員及領導幹部等人力在職教育訓練成效。(3) 研習中心專責建立海巡執法、海巡技術、海巡行政、海洋巡護、海巡通訊及海巡科技設備等各專業在職教育訓練相關機構網路系統、彙編各海巡專業科目教育訓練課程內容及教學績效評鑑、規畫構建海巡人員及領導幹部的基礎教育、深造教育及在職訓練等制度。(4) 建立強化各海巡應用科技設備等專長的人力教育訓練中心機構，諸如海域執法實務研究中心等，以確實著重於海巡執法相關法理研

究及實務應用討論，諸如小三通政策執法、海巡法規討論、國際海洋法研究、漁港安檢執法、海洋污染防治執法、海事案件偵辦移送、海上犯罪偵查討論及走私偷渡執法等。(5) 建立強化各海巡應用科技設備等專長的人力教育訓練中心機構，諸如海巡應用科技設備研發中心及船舶維修保養中心等，以確實建立基礎海巡船艇及海洋事務設備等保修能量，回饋未來海巡應用科技設備及船艦等研發規畫。(6) 建立強化各海上交通管理、海洋污染防治、海難搜索救助及海洋資源保育等海洋事務專長的人力教育訓練中心機構，諸如海洋事務應用科技中心等，以確實建立基礎海洋事務設備等保修能量，回饋未來海洋事務科技設備應用研發及專業人員教育訓練課程等規畫。

參考文獻

1. 'A Guide to Port State Control', Lloyd's Register, May 1996.

2. Kasoulides, George C, 'Port State Control and Jurisdiction', Kluwer Academic Publishers, 1993.

3. 'International Convention on Load Lines', April 1966.

4. 'International Convention on Standards of Training, Certification and Watchkeeping for Seafarers 1978', Edition 1993.

5. 'STCW Convention Resolution of the 1995 Conference', IMO London, 1996.

6. 'STCW Code', IMO London, 1996.

7. 'International Conference on Tanker Safety and Pollution Prevention', 1978.

8. 'Amendment on International Convention for the Safety of Life at Sea', 1992.

9. 'International Convention on Standards of Training, Certification and Watchkeeping for Seafarers 1978', As Amended in 1995.

10. 'Report of Inspection in Accordance with the Memorandum of Understanding on Port State Control in the Asia-Pacific Region', 1994.

11. 'Tokyo Memorandum of Understanding', April 1994.

12. 'Paris Memorandum of Understanding on Port State Control', http://www.parimou.org

13. 'Establishing of the Tokyo MOU, Memorandum of the Understanding on Port State Control in The Pacific Region', http://www.iijnet/tokyomou

14. 'United States Coast Guard Port State Control', http://www.dot.gov/dotinfo/uscg/hq/g-m/psc

15. 「一九七四年海上人命安全國際公約之研究」，中國驗船協會，中華民國 68 年 6 月。

16. 「關於一九七四年海上人命安全國際公約之一九七八年議定書之研究」，
中國驗船中心，中華民國 68 年 12 月。

17. 「一九七四年海上人命安全公約國際公約之一九八三年之修正案」，中國
驗船協會，中華民國 73 年 10 月。

18. 「關於一九七三年防止船舶污染國際公約一九七八年議定書附錄之
一九八四年修正案」，中華民國海運研究發展協會，中華民國 78 年 11 月。

19. 「船舶檢驗與發證統一制度國際會議之蕆事文件：一九六六年國際載重線
公約一九七四年海上人命安全國際公約之一九八八年議定書」，中華民國
海運研究發展協會、中國驗船中心，中華民國 79 年 7 月。

20. 「一九七四年海上人命安全國際公約一九八八年至一九九〇年修正案」，
中國航海技術研究會與財團法人中國驗船中心，中華民國 80 年 12 月。

21. 丁維新，「水上警察（再版）」，水上警察學系，中央警察大學，中華民
國 86 年 3 月，頁 131-143。

22. 「中華民國專屬經濟海域及大陸礁層法」，立法院第三屆第四會期第廿八
次會議通過，中華民國 86 年 12 月。

23. 「中華民國領海及鄰接區法」，立法院第三屆第四會期第廿九次會議通
過，中華民國 87 年 1 月。

24. 黃異，「國際海洋法」，國立編譯館主編，渤海堂文化公司，中華民國
85 年 5 月，頁 33-58。

25. 「內政部警政署水上警察局組織條例」，總統令，中華民國 87 年 6 月。

26. 「海岸巡防法、行政院海岸巡防署組織法、行政院海岸巡防署海洋巡防總
局組織條例、行政院海岸巡防署海岸巡防總局組織條例及行政院海岸巡防
署海岸巡防總局各地區巡防局組織條例等海巡五法」，總統令，中華民國
89 年 1 月。

27. 吳東明，「船舶設計實務經驗在海上登檢密艙查緝作業方面的應用研
究」，第 4 期，第 30 卷，警學叢刊雜誌，中央警察大學，中華民國 89 年

1 月，頁 282-284。

28. 王需楓，「電腦輔助港口國管制之船舶查驗系統建置」，碩士論文，水上
警察研究所，中央警察大學，中華民國 90 年 6 月，頁 27-31。

29. 「港口國管制規定對我國海運發展與港埠管理之影響及因應對策」，交通
部運輸研究所，中華民國 85 年 6 月。

30. 朱于益，「港口國管制之程序與準則」，因應國際安全管理章程之實施研
討會論文集，中華海運研究協會，中華民國 83 年 9 月，頁 4.2-4.3。

31. 朱于益，「港口國管制之程序與準則」，因應國際安全管理章程之實施研
討會論文集，中華海運研究協會，中華民國 83 年 9 月，頁 4.3-4.4。

32. 'Port State Control', Section D, USCG Marine Safety Manual (II): Materiel
Inspection, May 2000.

33. 'International Convention for the Safety of Life at Sea', Edition 1992.

34. 「船舶安全管理系統驗證規範（Rules for Certification of Safety Management
System; ISM Code）」，中國驗船中心，中華民國 85 年 8 月。

35. 「一九七三/一九七八年防止船舶污染國際公約」，中國驗船中心，中華
民國 83 年 1 月。

36. 「一九七八年航海人員訓練、發證及當值標準國際公約（暫譯本）」，中
國驗船協會，中華民國 68 年 9 月。

37. 'International Convention on Tonnage Measurement of Ships', June 1969.

38. 'Convention Concerning Minimum Standards in Merchant Ship', October 1976.

39. 'International Maritime Organization', http://www.imo.org/.

40. 'Procedures for Port State Control', IMO Resolution A.787 (19) , November
1995.

41. 吳東明及王需楓，「國際海事組織在港口國管制規定的現況發展研
究」，船舶與海運刊物，中華海運研究協會，中華民國 90 年 10 月，頁
138-139。

42. 'Amendments to the Procedures for Port State Control', IMO Resolution A.882 (21) , November 1999.

43. 'Memorandum of Understanding on Port State Control in the Asia-Pacific Region', 1994.

44. 'Port State Control - An Update on IMO's Work', IMO News, November 2000, p. 13.

45. 'Paris Memorandum of Understanding on Port State Control', July 1982.

46. 'Port State Control - An Update on IMO's Work', IMO News, November 2000, p. 14.

47. 黃異，「國際海洋法」，渤海堂文化事業有限公司，中華民國 86 年 3 月，頁 69-72。

48. 'Enforcement of Laws and Treaties Program', Maritime Law Enforcement Manual, U.S. Coast Guard, U.S.A., February 1994, p. 13.

49. 廖中山編著，「電子導航與安全管理——船舶交通管理系統」，海洋臺灣文教基金會，中華民國 85 年 8 月，頁 300-307。

50. 楊仲箴等，「漁船通信資訊電儀自動化與配合國際海事組織要求之研究」，中華海運研究協會，中華民國 90 年 5 月，頁 102。

51. 楊仲箴等，「漁船通信資訊電儀自動化與配合國際海事組織要求之研究」，中華海運研究協會，中華民國 90 年 5 月，頁 12-13。

52. 楊仲箴等，「漁船通信資訊電儀自動化與配合國際海事組織要求之研究」，中華海運研究協會，中華民國 90 年 5 月，頁 101。

53. 'World's First IMO-Compliant VDR', Safety Technology Section, The Naval Architects Journal, U.K., Octobre 2001, p. 28.

54. 'New-generation Data Recorder from Broadgate', Safety Technology Section, The Naval Architects Journal, U.K., Octobre 2000, p. 19.

55. 江福松等，「建立我國漁船動態管理系統之芻議」，第 30 輯，農業金融

論叢雜誌，行政院農業委員會，中華民國 90 年 4 月，頁 340-342。

56. 朱于益，「船舶檢驗與檢查」，海上交通安全管理系統研討會論文集，中華海運研究協會，中華民國 80 年 7 月，頁 7.1-7.6，

57. 金留章，「國際安全管理章程介紹」，因應國際安全管理章程之實施研討會論文集，中華海運研究協會，中華民國 83 年 9 月，頁 3.8-3.17。

58. 鄭吉雄，「1979 年海上搜索與救助國際公約發展史」，第 850 期，船舶與海運刊物，中華海運研究協會，中華民國 90 年 4 月，頁 333-336。

59. 吳東明及李昌原，「重建美國海岸防衛隊執勤能量的整合深水系統計畫概述」，第 861 期，船舶與海運刊物，中華海運研究協會，中華民國 90 年 7 月，頁 70-77。

60. Tung, Cheng-Tan, 'Mixed Pixel Classification for Remote Sensing Images', Central Police University, Taiwan, Republic of China, March 1999, pp. 11-12.

61. Lu, Jingxuan, 'Marine Oil Spill Surveillance and Mapping Using Remote Sensing in Singspore', Resource Conservation, Integrated Coastal Zone Management Journal, Intermarketing and Communication Group, U.N., Spring 2000, pp. 217-222.

62. Tung, Cheng-Tan, 'Mixed Pixel Classification for Remote Sensing Images', Central Police University, Taiwan, Republic of China, March 1999, pp. 12-14.

63. Rahul, Roy-Chaudhury, 'The Surveillance of the Indian EEZ', Integrated Coastal Zone Management Journal, Intermarketing and Communication Group, U.N., Spring 2000, pp. 109-114.

64. Machmud, B., 'EH101 Set to Fly High over the Asia-Pacific', Special Supplement, Asian Defence Journal, Octobre 2000, pp. 30-31.

65. Sengupta, P.S., 'New Roles Emerging for UAVs', Air Forces, Asian Defence Journal, Novembre 2000, pp. 28-31.

66. 吳東明，「歐盟 250 型巡邏艦研析」，第 6 期，第 35 卷，海軍學術月

刊，中華民國 90 年 6 月，頁 48-58。

67. 吳東明及蔡崇謀，「世界各國提昇公務船艇的設計航速趨勢」，第 851 期，船舶與海運刊物，中華海運研究協會，中華民國 90 年 4 月，頁 341-346。

68. 吳東明及蔡崇謀，「世界各國提昇公務船艇的設計航速趨勢」，第 851 期，船舶與海運刊物，中華海運研究協會，中華民國 90 年 4 月，頁 342-343。

69. 吳東明及陳坤宗，「能在惡劣天候海況下執勤的海防巡邏救難艇船型設計介紹」，第 866 期，船舶與海運刊物，中華海運研究協會，中華民國 90 年 9 月，頁 108-116。

70. Cowardin, W., Dowell, G. and Rodi, R., 'MSRC Responders : Construction and Operation of Sixteen Oil Spill Response Vessels', Vol. 32, No. 3, Marine Technology Journal, U.S.A., July 1995, pp. 164-178.

71. 吳東明及劉德安，「美國海軍提亞哥斯六〇型海洋調查研究作業船型設計介紹」，第 876 期，船舶與海運刊物，中華海運研究協會，中華民國 90 年 9 月。

72. Giglio, D., Sveinsson, H., Vaurio, D., 'The Use of High Frequency Surfacewave Radar for Maritime Surveillance', Law Enforcement, Integrated Coastal Zone Management Journal, Intermarketing and Communication Group, U.N., Spring 2000, pp. 135-137.

73. Wood, J., 'The UK Royal Navy Has Started Designing its Next Nuclear Powered Attack Submarine', Warship Technology Journal, May 1999, pp. 9-10.

74. Wood, G., 'Sea Trials for Israel's Dolphin Class Submarines', Submarines, Warship Technology Journal, January 1998, pp. 8-11.

75. Foxwell, D., 'NATO Submarine Rescue Effort Reaches Key Milestone', Submarine Rescue, Warship Technology Journal, Octobre 2000, pp. 14-15.

76. Klassen, Willie, 'The Quest ROV - Technological Advances Enable Smaller, Lighter, More Reliable Vehicle to Reduce Costs of Offshore Remote Intervention', ST ROV Feature, Sea Technology Journal, April 2000, pp. 17-23.

77. Foxwell, D., 'Unmanned Vehicle Takes to the Sea', Unmanned Vehicles, Warship Technology Journal, March 1999, p. 14.

78. Foxwell, D., 'NATO Submarine Rescue Effort Reaches Key Milestone', Submarine Rescue, Warship Technology Journal, Octobre 2000, p. 14.

79. 吳東明及劉德安，「美國海軍提亞哥斯六〇型海洋調查研究作業船型設計介紹」，第 876 期，船舶與海運刊物，中華海運研究協會，中華民國 90 年 9 月，頁 8。

80. 吳東明，「美國海岸防衛隊前瞻廿一世紀任務藍圖」，第 9 期，第 35 卷，海軍學術月刊，中華民國 90 年 9 月，頁 25。

81. 吳東明及李昌原，「重建美國海岸防衛隊執勤能量的整合深水系統計畫概述」，第 861 期，船舶與海運刊物，中華海運研究協會，中華民國 90 年 7 月，頁 76。

82. Hodgins, Donald O., 'On-line Information Management for Coastal Monitoring and Protection', Environmental Management, Integrated Coastal Zone Management Journal, Intermarketing and Communication Group, U.N., Spring 2000, pp. 145-150.

83. Schrimpf, Wolfram and Siegert, Ardy, 'Distributed Information System Supporting Integrated Coastal Zone management', Environmental Management, Integrated Coastal Zone Management Journal, Intermarketing and Communication Group, U.N., Spring 2000, pp. 165-168.

84. 蔡崇謀，「海岸巡防組織機制建立之研究」，碩士論文，水上警察研究所，中央警察大學，中華民國 90 年 6 月，頁 32-38。

85. 吳東明等，「水上警察整體警艇購建研究計畫報告書」，內政部警政署水

上警察局委託研究計畫，水上警察研究所，中央警察大學，中華民國 88 年 8 月，頁 42-47。

86. 吳東明，「船舶設計及檢驗技術在海勤登輪安檢作業的應用研究」，第 32 期，中央警察大學學報，警政研究所，中央警察大學，中華民國 87 年 3 月，頁 639-642。

87. 吳東明及蔡崇謀，「我國海岸巡防署組織調整規畫之研究」，第八屆水上警察學術研討會論文集，水上警察學系，中央警察大學，中華民國 90 年 5 月，頁 29。

88. 吳東明等，「水上警察整體警艇購建研究計畫報告書」，內政部警政署水上警察局委託研究計畫，水上警察研究所，中央警察大學，中華民國 88 年 8 月，頁 35。

89. 吳東明及歐凌嘉，「我國海岸巡防署組織功能的未來發展規畫啟示」，第八屆水上警察學術研討會論文集，水上警察學系，中央警察大學，中華民國 90 年 5 月，頁 21。

90. 'Streamlining Blunt the US Coast Guards Cutting Edge', Jane's Navy International Journal, U.S.A., Septembre 1999, p. 40.

第貳章
由美國海岸防衛隊廿一世紀願景觀我國海岸巡防組織功能的前瞻與發展

摘要

　　我國海岸巡防署成立迄今已有年餘，其組織架構、功能、目標及人事任用等關鍵要務仍待迫切改善調整。經由審慎研析評估後，以美國海岸防衛隊的優點為借鏡，為我國海域巡防及執法等事務規畫提供有益的建議。美國海岸防衛隊即將邁入第三個世紀，其預估廿一世紀任務趨勢，即未來海上任務性質不變，仍將以國家利益為導向，推展美國海岸防衛隊主要三大重要價值任務，即為強化多任務資產能量、軍事武力紀律及國家利益等為基礎。

　　優良傳統的人員素質及精密科技的資產能量等勢將無可避免面對廿一世紀的嚴苛海域執法挑戰，諸如海上救難及警戒、維護海洋國家航道安全、海洋環境管理、海域執法及軍事武力等。美國海岸防衛隊的多功能任務必須擁有制式能量裝備及編制能力人才等，方能有效執行海洋任務。另外，先進艦艇、航空器及指管通情系統等科技設備不可能替代積極、奉獻及為人服務的高尚情操。高維修率的艦艇及航空器等，亦無法提昇海上執勤效率，並且老舊電子偵蒐設備亦無法傳送真時 (Real

Time) 資訊情報。因此美國海岸防衛隊必須審慎研擬未來任務的制式裝備功能提昇方案，以因應未來多元化的海洋事務挑戰。

因此美國海岸防衛隊提出「整合深水計畫」，整合艦艇、航空器及指管通情系統等，並與美國海軍戰略能量相互支援融通，成為美國第五軍種。在和平時期擔任海域執法任務，在作戰時期積極支援美國海軍執行軍事任務。同時美國國防部亦迫切需要美國海岸防衛隊艦艇及航空器等監控系統支援，因此美國海岸防衛隊與美國海軍共同提倡「國家艦隊」戰略構想。最後，審慎研析討論現存組織功能問題，亦提供些許專業建議，以為我國正邁步成長中的海岸巡防署組織功能發展規畫有所參考。

一、導論

不法走私犯罪行為不僅直接侵害國家關稅財政收入，亦間接危害國內工商企業正常發展。尤其近年來海關刑事偵察單位屢次破獲重大毒品走私案件，充份暴露我台灣水域的非法毒品及未稅貨物等走私的嚴重性。自從我國宣佈解除戒嚴後，海峽兩岸關係日趨緩和，大陸漁船非法越界事件頻傳，走私毒梟貪圖厚利，枉顧法令存在，肆意輸運走私物品往來於台海兩岸間。大量私運來台的未稅農漁產品勢必將大幅削減對我農漁民的正常收益，非法煙毒械彈及人蛇偷渡等犯罪事件，更是嚴重危害我國家安全、社會治安及人民福祉。

我國政府於民國五十八年間，成立台灣省淡水水上警察巡邏隊，即是現今水上警察的前身，當時其任務範圍僅限於淡水河流域巡防。台

灣地區自民國七十六年七月一日正式宣佈解除戒嚴後，旋即非法人蛇偷渡及煙毒械彈走私等海上犯罪活動層出不窮，嚴重影響國內治安情形。當時政府為求迅速有效遏阻海上非法活動，即研議設置海上警察機構，但又鑑於立法作業耗費時日、緩不濟急，於是先行引用保安警察組織通則規定，於民國七十九年元月，將水上警察巡邏隊改制為內政部警政署保安警察第七總隊，並且在當時中央警官學校（即現今中央警察大學前身）設立水上警察學系 (Department of Maritime Police)，以積極培育我國海域執法的重要基層幹部。並且在民國七十八年底，行政院正式核定保七總隊的任務範圍為在沿海商、漁港及河口附近六浬內，配合安檢執行查緝偷運械彈、爆裂物、毒品，防止偷渡及協助查緝走私，並且配合行政院農委會「漁業巡護船隊」，執行近海及遠洋的漁業巡護任務。

　　隨後立法院在民國八十六年十二月三十日及民國八十七年一月二日分別三讀通過「中華民國專屬經濟海域及大陸礁層法」和「中華民國領海及鄰接區法」等。並於民國八十七年六月十五日承總統令成立內政部警政署水上警察局 (Maritime Police Bureau)，並且在中央警察大學設立水上警察研究所 (Postgraduate School for Maritime Police)，以積極培育我國海域執法的重要中高級領導幹部及推展海域執法相關專業學術領域研究工作。同時明令其負責沿岸十二海浬內警衛領海 (Territorial Sea)及海上保安等主要任務，並且配合海關在廿四海浬鄰接區 (Contiguous Zone) 內查緝非法走私情事等諸多協辦任務，更大幅擴展我水上警察局的勤務管轄範圍。根據現行「內政部警政署水上警察局組織條例」中，

明文規定其主辦

1. 關於海上犯罪偵防及警衛警戒等執法事項。

2. 關於海上涉外事務之聯繫、協調、調查及處理事項。

3. 關於執行海上犯罪偵防等事項時，對海上船舶或人員，得依法執行緊追、登臨檢查、扣留及逮捕事項。

4. 關於水上警察業務之規劃、督導及考核等事項。

5. 其他依法應執行或協助事項。

另有關其依法協助執行事項等，概括有七大項目，即為：

1. 海上查緝走私事項。

2. 海上交通秩序之管制及維護事項。

3. 海上船舶碰撞及其他糾紛之蒐証、處理事項。

4. 海難船舶與人員之搜索、救助及緊急醫療救護事項。

5. 海洋災害之救護事項。

6. 漁權及漁業秩序之維護事項。

7. 海洋環境保護及保育事項。

並且衡量現今海峽兩岸情勢及任務多元化的發展走向，可預見水警未來任務勢必將配合各種執勤人員的培訓、裝備的更新及經驗的累積等，逐步的擴充水上警察的組織，以適應未來可能增加的海上執法任務，諸如警衛領海、查緝走私及漁業巡護等。隨著水上警察局的成立，

將來更增加協助海上環保、海難救助及執行海洋事務，諸如港埠船舶航管交通、航道指示標識、海事案件協調、船舶洩油處理及航海證照業務等等。

水上警察局及漁業署等海域執法機關的順利成立，國家海洋政策會議 (Seminar on National Ocean Policy) 亦於民國八十七年九月間隆重舉行及國家海洋政策白皮書編撰等，再再証實我國政府開始正視國家海洋事務的推展工作。並且處理海洋事務的長遠規劃應由「事權統一的專責機構」負責執行最為適當，於是政府於民國八十八年即積極規劃研擬海岸巡防法、行政院海岸巡防署組織法、行政院海岸巡防署海洋巡防總局組織條例、行政院海岸巡防署海岸巡防總局組織條例及行政院海岸巡防署海岸巡防總局各地區巡防局組織通則等海巡五法的立法作業。旋於民國八十九年一月廿六日經立法院三讀通過，承總統令公布實施，並於同年二月一日正式衛牌設立行政院海岸巡防署 (Coast Guard Administration, Taiwan, Republic of China)，其主要人力來源為國防部海岸巡防司令部、內政部警政署水上警察局、財政部關稅總局海務組及一般行政文職等，專責維護台灣地區海域及海岸秩序，與資源保護利用，確保國家安全，保障人民權益。同時依據行政院海岸巡防法第四條規定掌理事項：

1. 海岸管制區之管制及安全維護事項。

2. 入出港船舶或其他水上運輸工具之安全檢查事項。

3. 海域、海岸、河口與非通商口岸之查緝走私、防止非法入出

國、執行通商口人員之安全檢查及其他犯罪調查事項。

4. 海域及海岸巡防涉外事務之協調、調查及處理事項。

5. 走私情報之蒐集，滲透及安全情報之調查處理事項。

6. 海洋事務研究發展事項。

7. 執行事項：(1) 海上交通秩序之管制及維護事項。(2) 海上救難、海洋災害救護及海上糾紛之處理事項。(3) 漁業巡護及漁業資源之維護事項。(4) 海洋環境保護及保育事項。

8. 其他有關海岸巡防之事項。

其中，前項第 5 款有關海域及海岸巡防國家安全情報部份，應受國家安全局之指導、協調及支援。事實上，自早期水警局組織條例內容即應可知查緝走私及海洋事務等重任勢將由水上警察局（即現今海岸巡防署海洋巡防總局 [General Maritime Patrol Agency]）負責執行。因此政府在預算編列之際，亦全力支持水警充實專業人力資源、建造新式救護艦艇及巡邏快艇、航空器、指管通情設施及應勤安檢偵查蒐証設備等，無不為加強海上打擊犯罪力量，防止不法份子利用快艇或漁船等進行走私勾當。諸如昔日俗稱「黑金剛」走私快艇，以其船速快捷，舊式警艇追緝不及，以致曾經猖狂一時，成為私梟的寵兒。隨後以水警新式三十噸高速警艇建造完成加入服勤，使得黑金剛無所遁形，於是私梟仍又轉回利用漁船來進行海上不法活動。因此唯有對漁船做好登檢密艙查緝工作，方能有效遏阻海上非法走私活動，確保我國海上治安及陸上社

會的祥和安寧。

　　我國行政院海岸巡防署成立迄今已有年餘，但其組織架構、任務功能、未來目標及人事任用等關鍵要務仍待迫切改善調整。時值我國海洋事務急遽發展之際，諸如兩岸小三通、海難搜救、海域油污、海洋保育、海上航安、海事糾紛及病毒傳染等事件層出不窮，在經過審慎研析評估我國海岸巡防法所規定海洋事務掌理範圍後，謹以組織架構功能目標性質類似的美國海岸防衛隊 (United States Coast Guard) 為借鏡，期能為我國海域巡防及執法等事務規畫提供些許有益建議。

　　1790 年 8 月 4 日美國通過「關稅法」 (Tariff Act of 1790)，於財政部下設置海上緝私隊 (Revenue Cutter Service），負責查緝貨物稅收工作，1915 年海上緝私隊與救難工作合併，成立美國海岸防衛隊 (USCG)。1967 年後因任務改變，由財政部改隸交通部。

　　美國海岸防衛隊即將邁入第三個世紀，其本身海上執勤能力隨時間增長未見提昇、卻逐漸降低，諸如船艦性能衰減、航海儀器落後及監視系統無法整合等。美國海上環境的變化，內陸水道的交通密度、港口與航道的交通流、海運貿易、民生資源的運輸、各種海上娛樂活動、海洋污染、非法移民、走私毒品與武器、跨國犯罪及恐怖主義等，更加挑戰美國海岸防衛隊執勤能力。

　　依據美國行政法第十四部份第二條授權，美國海岸防衛隊是海域執法機關，賦予多種司法職權。美國海岸防衛隊應於公海 (High Sea)、或美國司法管轄權水域，執行或協助所有聯邦實體法 (All Applicable

Federal Laws)。美國海洋安全與警戒是美國海岸防衛隊責任，舉凡維持海上交通秩序 (Marine Traffic)、遊艇安全 (Leisure Boat Safety)、環境保護 (Environmental Protection)、搜索救難 (Search and Rescue)、海域執法 (Maritime Law Enforcement)、海洋科學 (Marine Science)、港區安全 (Harbor Security) 及國家防衛 (National Defense) 等，依美國海岸防衛隊海上工作內容性質約可分類如下：

(一) 海上搜索救助。

(二) 維持海上交通秩序。

(三) 保護海洋環境。

(四) 執行國際海洋法規及公約。

(五) 防衛國家海上利益及行使管轄權。

美國海岸防衛隊歸納其執勤範圍為三個區域，即第一是「內陸水域」(Inland)，其次「海岸區域」(Coastal)，最後為「深水」(Deepwater)，所謂深水區域定義為離岸五十哩以上，或任務需求應執勤之海域。美國司法管轄權下領海 (Territorial Sea) 與專屬經濟海域 (Executive Economic Zone; EEZ) 總面積超過 3.5 百萬平方哩，隨著全球經濟型態改變、海上商船運輸增加、資訊傳送交流及海洋環境污染問題等，新的海上威脅改變，直接衝擊美國海岸防衛隊的能力，美國海岸防衛隊警覺新挑戰，提出 2020 年規劃書籌獲或改裝裝備能量 (Capabilities)、提昇人員能力 (Competencies)。美國海岸防衛隊盡力保護海上人命安全及海域內美國權益，同時著手進行增購新裝備及新艦

艇等作業，以完成深水計畫 (Deepwater Project) 之任務目標。

二、現今組織所面臨重大問題

　　就現今及未來可能面臨任務及問題等，海上巡防機關預先審慎提出檢討與建議，並且對於海上巡防機關的海域執法能量進行全面檢核。美國海岸防衛隊依據其海上任務工作內容性質，並且配合若干相關統計數據資料及美國對外貿易量等影響因素，預測廿一世紀的任務能量發展趨勢。總括而言，未來美國海岸防衛隊的海上任務將不會發生急遽改變，仍將持續以維護國家利益 (National Interest Concerns) 為導向，提供更高品質的海上服務為依歸。

　　海洋是美國通往世界的通道，或世界通往美國必經之路，未來勢將較過去更為重要。依據美國海岸防衛隊 2020 年規畫書構想，指示其廿一世紀的任務方向仍將持續審慎接受政府託付，迅速調整及因應高度善變的國際環境動態需求。旋美國海岸防衛隊即積極進行裝備現代化及性能提昇等計畫，即為整合深水計畫 (Integrated Deepwater Project)。正如同深水特質般，其規畫特性在於完全整合「系統的系統」(System-of-System) 需求。至於各子系統即如水面艦艇、飛機、指管通情監偵（即指揮、管制、通訊、電腦、資訊、監視及偵察 C4ISR）及後勤設備等。此外，該「系統的系統」計畫方法確使美國海岸防衛隊，有效整合其所有的海巡應用科技設備資產。並且應用該新式科技裝備及有效率管理執

行深水任務 (Deepwater Missions)，方有足夠能力面對新世紀的海巡任務挑戰。

世界各國海巡機關的海域執法任務工作範圍，均直接受到世界變動、經濟發展、人口膨漲、裝備老化、有限資源及海洋環境隱憂等因素影響。我國海岸巡防署及美國海岸防衛隊等亦面臨同樣重大海域執法問題等，詳分述如後：

(一)世界變動

國際政治、軍事及經濟等狀況不斷持續改變，諸如舊蘇聯共產集團瓦解、東歐各國推行民主化等，於是國際政治經濟型態轉為強化協商合作。尤其在國際冷戰時期結束後，除台灣海峽及波斯灣等特定區域外，大規模戰爭發生的可能性也已逐漸降低。因此各國政府施政重點亦逐漸調整，由軍事對抗轉向經貿合作關係。隨著新經濟及安全體系合作型態漸次形成建立，國家政策 (National Policy) 亦不再侷限於國內，並且均以區域性及全球性等考量為基礎。此外，國際新多邊組織體系逐漸組成，共同互助合作應付國際危機，區域聯合危機處理能力，共同打擊跨國組織犯罪及反恐怖主義 (Anti-terrorism) 等。

大量非法移民、非法走私槍械毒品、激進恐怖主義、各種犯罪問題及經濟投機者等，均不斷利用港口 (Harbor)、海峽 (Strait)、海岸 (Coast) 及其他非正當海上管道等進入美國，並且隨著海上交通日行便利，預估未來人蛇偷渡或走私槍械毒品等違法情勢將持續惡化。就

如美國海岸防衛隊曾派遣三艘巡邏艦、一架 C-130 飛機及一架海豚式 (Dolphin H-65) 直昇機等,共同協助多明尼加共和國海軍,共同阻截多明尼加東南海岸的毒品走私路線等。再者,美國政府為有效解決海域非法問題,即積極整合外交、經濟、政治及軍事等各種執法力量,以期建立一個正面穩定發展的國際秩序。

(二)經濟發展

伴隨著國際冷戰時期結束及美國國內預算赤字 (Budget Deficits) 持續擴增,美國勢將繼續加重依賴海洋國際貿易程度。預估至 2020 年美國海上貿易進出口量即使無法有效成長高達三倍,亦將維持兩倍水準,尤其是對亞洲太平洋及拉丁美洲等地區的國際貿易數量將更為明顯成長。因此有效率的海上運輸系統勢將直接影響美國經濟發展及國際競爭能力。未來將有航次數量更多及裝載噸位更大的高速及自動化商船進出美國水域,促進美國國際貿易活動。此外,原油、危險物品及民生用品等加工物品輸入或輸出,將大幅活絡海上運輸事業,當然亦勢必帶來相當嚴格海洋環境及國家安全等非法活動衝擊。並且美國人民生活重視海上娛樂休閒活動,尤其海上娛樂船,各種海上經濟貿易與休閒活動等,顯示海上交通安全系統的重要性。因此,唯有積極結合海、陸及空等各項海洋執法能量,才能提供安全可靠舒適潔淨的海洋活動環境。

(三)人口膨脹

依據世界人口統計預測，未來國際人口仍將持續成長趨勢，尤其是開發中國家人口成長顯著。由於世界人口持續增加，民生用品需求量亦將擴增因應，各種生物或非生物資源必須積極持續開發，各國海洋運輸進出口貿易量必然大幅提昇，各國海上交通運輸航道數量密集。另美國移民人口持續增加及老人死亡率漸次降低，預估美國至 2020 年人口總數將迫近約三億兩仟萬人，尤其是美國沿岸城市人口勢將成長更大。並且至 2020 年美國勞動人口組成結構或將改變，該就業人口改變趨勢將導致雇主調整新工作時間，彈性工作時間型態將使哺育下一代更為容易照顧，有效提昇整體生活品質。

(四)裝備老化

美國海岸防衛隊於 1960 年至 1970 年間籌建 16 艘 210 呎「信任級」(Reliable Class) 巡防艦 (WMEC-615) 及 12 艘 378 呎「漢彌頓」級巡防艦 (WHEC-715) 等均已曾經進行換裝整修工程 (Refit Engineering)，但因為缺乏現代科技應用配備及裝備料配件取得不易，徒然增加海巡船艦維修困難程度。諸如「漢彌頓」(Hamilton Class) 級艦的帕特威特尼渦輪主機 (Pratt & Whitney FT4A-6s Turbine) 也已停產 20 年之久。又如 1997 年 12 月史托瑞士 (Storis) 型巡防艦 (WMEC-38)，最大船速 14 節、船齡已高達 56 年，仍於南加州水域執

行查緝毒品任務。

另於 1979 年至 1990 年間籌獲 13 艘「熊」(Bear Class) 級巡防艦 (WMEC-901)，其僅擁有 14 天續航能力 (Endurance)、最大航速為 20 節，並且原本設計執行反潛作戰 (Anti-submarine Warfare) 任務功能已降低 (Performance Degradation)。又於 1986 年至 1990 年間籌建 49 艘 110 呎「島」(Island Class) 級巡邏艇 (WPB-1301)，其主要任務專責於近岸與沿岸毒品查緝作業，船速為 13 節時巡邏續航範圍為 3300 浬、航速為 29.5 節時續航力為 900 浬，並且在四級以上海象 (Sea State 4) 中無法有效執行海巡勤務。

此外 80 架短距離「海豚」(Dolphin HH-65A) 型直昇機已迫近服役壽限，35 架中距離「黑鷹」(Hawk HH-60J) 型直昇機亦已接近服役壽限中期，20 架中距離「守護者」(Guardian HU—25) 型直昇機服役時間也已約 18 年，26 架遠距離「海力克斯」(Hercules HC—130) 型直昇機已有 25 年服役時間。因此海巡機關仍使用該逐漸老舊的海巡艦艇、航空器及過時應用科技設備等，不但危及海巡人員自身生命安全，更無法有限服務及保障人民生命財產。

(五)有限資源及海洋環境隱憂

世界各國對於海洋生物或非生物資源的過度撈捕及開發等活動，勢將導致全球性資源枯竭問題提前發生。並且過度捕撈生物資源及持續破壞海洋生態環境等行為，造成美國水域或全球各水域等總漁獲量將逐

漸減少,甚至造成海洋生物種類面臨滅絕的危機。美國海岸防衛隊太平洋司令部所管轄的專屬經濟區海域面積超過 2.6 百萬平方哩。如此廣闊專屬經濟海域的海巡執法作業勢非海岸防衛隊有限老舊的海巡艦艇及航空器等,可能有效發現且杜絕大部份的非法入侵及破壞海洋環境等案件,諸如 1997 年美國海岸防衛隊太平洋司令部阻止非法進入專屬經濟海域百分比僅達約 11%。放眼未來,海巡機關仍需透過國際漁業合作 (International Cooperation) 及區域共同合作 (Region Collaboration) 等方式,加強保育公海高度迴游性魚種 (Highly Migratory Species),以確保捕撈魚種數量可有效維持或恢復至能夠生產最高持續產量 (Maximum Continuous Yields) 水準。於是先進國家間開始分別自行設立禁捕區 (Marine Sanctuaries) 及漁捕區等,並且應用科技統計數據來預估算每年可供捕獲漁產量及環境污染容許量 (Environmental Pollution Allowance) 等。

　　同時美國對於能源需求量持續擴增,以致美國必須不斷向 350 浬外大陸礁層區探勘開採原油 (Crude Oil) 及天然氣 (Natural Gas) 等應用能源。另國際間大量使用石油 (Petroleum) 或天然氣等能源,大幅排放二氧化碳數量,加強全球溫室效應 (Global Warming Effect) 影響,不但改變全球氣候變化,亦造成極區冰山融化現象。並且依據官方統計數據顯示,1997 年美國海岸防衛隊太平洋司令部共處理 5000 次漏油案例 (Oil Spill Cases),其中亦涵括有荷蘭港口及阿拉斯加等事件。

三、廿一世紀法定任務功能透析

面對廿一世紀海洋執法任務方向，美國海岸防衛隊應俱備現今海洋執勤必備的技術與特質，並且唯有更專業素養的人才、新型海巡艦艇、航空器及指管通情系統等設備，方能使美國海岸防衛隊得以因應不斷變動及新增的任務需求。美國海岸防衛隊的三項主要特質持續展現其服務所提供的重要價值，即多任務資產能量 (Synergy of Multi-mission Assets)、軍事勤務紀律 (Discipline of Arm Service)、以國家最大利益為準則 (Capability to Respond to Changing National Priorities)。在未來數十年間，美國海岸防衛隊仍將持續塑造傳統特質、扮演現今海域執法角色及執行海洋巡防任務。

現今各國海岸巡防機關、海關或水警等的主要角色概括有查緝偷渡 (Illegal Migration)、預防走私毒品或農漁產品、監控海岸及專屬經濟區水域、執行漁業法、海洋污染防治、海上搜索及救難等。無論如何，美國海岸防衛隊的海洋執法任務涵括有各種準軍事海上任務（Paramilitary Marine Duties）、查緝走私 (Anti-smuggling)、海域執法 (Sea Law Enforcement)、海域及海岸監控 (Surveillance)、海上搜索與救助 (Search and Rescue; SAR)、海洋污染防治 (Prevention and Protection of Marine Pollution)、保護專屬經濟海域資源 (Protection of Offshore Marine Resources)、航行船舶安全及適航 (Navigation Safety and Seaworthiness)、航海輔助設備管理及維修 (Management and

Maintenance of Navigation Aids)、破冰開航 (Icebreaking)、水道測量 (Waterway Hydrographic Survey) 及船舶意外事件調查 (Investigation of Marine Accidents) 等。美國海岸防衛隊所屬艦艇除水面效應船 (Surface Effect Ships) 特別應用於走私毒品查緝外，其餘船型均擔負有軍事性質任務，諸如「熊」級 (Bear Class) 巡防艦上配備有反潛作戰 (Anti-submarine Warfare; ASW) 系統。至於有關美國海岸防衛隊所執行海洋任務等，諸如海上救難警戒、海洋航道安全、海洋環境管理、海域執法及軍事武力等五項，詳分述如後：

(一)海上救難警戒

事實上，美國經濟發展必須依賴有效海上交通秩序的維護，當然包含內河水道、港口航道、海岸仍至公海等所有水域。現今裝載八千個貨櫃商船 (8,000 TEU Container Vessel)、承載百萬桶原油油輪 (Million-Barrel Crude Oil Carrier) 及乘載數千旅客豪華郵輪 (Thousand-Passenger Cruiser) 等大型船舶將大量進出美國海域，再加上近岸娛樂遊艇 (Leisure Boating) 及海上休閒活動 (Marine Recreations) 等，勢將造成美國水域發生船舶碰撞 (Collision)、觸礁 (Rocking) 及擱淺 (Grounding) 等潛在危機愈現複雜跡象。

依據美國海岸防衛隊太平洋司令部 1997 年統計結果顯示，該轄區內計有 1421 人發生海難，其中有 1271 人獲救，可見搜救成功率高達約 89%，並且在太平洋轄區所成功救助財產總值計超過一億五千四百

萬美元之譜。國際社會為有效達成預防海洋事故目標，國際間相繼分別訂定有《1910 年海上救助及撈救統一規定公約》(Convention for Unification of Certain Respecting Assistance and Salvage at Sea, 1910)、《1966 年國際載重線公約》（International Convention Respecting Loadlines）、《1996 年國際海上避碰規則》(International Regulations for Preventing Collision at Sea) 及 《1974 年海上人命安全國際公約》(The International Convention for the Safety of Life at Sea,1974; SOLAS, 1974) 等相關法規，極度重視先期預防工作，以期順利減少海上災害發生頻率。

美國海岸防衛隊應是國際海事組織的領導者角色，不斷透過區域性或國際性組織協同合作方式，鼓吹各國共同面對海上船難救援問題。但即使全面落實海上安全預防工作，海難事件依然可能發生，因此海岸防衛隊執勤能力勢必直接攸關有效維護海上人命及財產安全與否。美國海岸防衛隊執行任務程序是 (1) 首先運用岸際雷達設備 (Monitoring Equipment) 監視近岸水域。(2) 利用衛星系統監視 (Satellite Surveillance) 廣大海面。(3) 從近岸發射遠距離無人飛行載具 (Unmanned Air Vehicles; UAV) 進行蒐集特定海域更多資訊情報。(4) 從北大西洋至阿拉斯加、從夏威夷至走私嚴重的加勒比海及五大湖等航運水道，均全面實施海上船舶航行交通管理。

新科技應用航海輔助儀器、裝備及系統等確可增進航海緊急事件應變能力。全球海難救援衛星亦可於任何位置在數分鐘內傳送緊急海

上遇難信號，全球衛星定位 (Global Positioning System by Satellite)、衛星監控及船位回報 (Ship Position Recalling System) 等系統均能精確計算遇難船舶位置經緯度數據。並且 47 呎自動扶正救難艇 (Automatic Righting Rescue Boat) 亦可避免救難船艇自身傾覆疑慮，確可保障海巡救援隊員及遇難人民等安全，同時可有效縮短救難反應處理時間，提高海上遇難者獲救成功率。

(二)海洋航道安全

美國航行通道提供經貿繁榮及休閒娛樂等活動的便利使用，增加美國遊艇、客貨輪及航空客機等與國際連繫交流機會。事實上，唯有擁有安全、有效率及環保安全標準的海洋運輸系統 (Marine Transportation System)，方能有效提昇美國國家經濟生產力 (Economic Productivity)、保障國家安全 (National Security) 及促進國際貿易 (International Trade) 及減少海洋污染 (Marine Pollution) 等。但因美國航道管理工作原分屬不同機關單位負責，美國海岸防衛隊必須有效協調其國內各權責機關，落實海洋航運管理效能。隨著美國海岸防衛隊的領導及管理，廿一世紀美國將可順利建構完美無瑕的海洋交通管理系統 (Marine Traffic Management System)，以增加美國的經貿財富及海上人命財產安全。

根據美國官方統計數據顯示，除經由加拿大及墨西哥等美洲國家輸入外，每年約有 95%以上外國貨櫃經由海上船運進入美國。另約 25%民生用品及 50%以上原油亦須經由海路運輸進入美國。由此可見，維

護美國世界經濟競爭力、國家安全及所有美國國民生命財產安全等任務，均需持續依賴美國海岸防衛隊有效率執行航海交通管理，以確保持續穩定的國際海路貿易發展。

在港口及航道管理方面，美國政府部門必須與私人企業者共同協力合作推動，以求在國家競爭力、國家安全、公共衛生安全、海洋環境保育、海上娛樂及海釣活動等方面達到最適平衡狀態。然為有效提振國內經濟發展，勢必增加國際貿易活動，因此無可避免伴隨而來是進出港口商船交通密度增加、碰撞機率提高、疾病傳染、毒品武器走私及海洋污染源增加等。因此，海上便利交通持續發展，亦將隱藏潛在公共安全危機 (Public Security Risk Potential)。有效維護國家海洋安全問題的因應要務即在於積極發展及建構電腦輔助船舶追溯系統 (Computer-aided Tracking System)、先進航海輔助儀器系統 (Navigation-assistance Instrumentation)、遠距海洋環保監視系統及其他船舶安全有效率的港務管理制度等。若此方能確保一個安全有效率的海上運輸系統順利運作，進而維持美國產業的世界競爭力。

美國經濟發展、軍事安全與航道安全等均俱有密不可分關係。美國為持續有效維持其世界軍事強權能力，隨著海外軍事基地的漸次裁減，美國軍隊必須朝向部隊機動反應及提昇海上載具的快速運動能力為主。期能在發生區域衝突事件時，武裝部隊機動性可以將 90% 軍事裝備及後勤補給等，立即藉海路運輸到達目標地區。同時在碼頭及航道等重要海路據點亦須保留軍隊動員佈署及武裝投射等能力，因此美國海岸防衛

隊的主要任務工作即係確保未來所有航道的有效管制，以適切滿足軍事部隊機動防衛的戰略需求。

(三)海洋環境管理

關於海洋污染管理方面，美國海岸防衛隊的主要工作有二，即 1. 執行所有海洋污染實體法。2. 處理海洋油污染事件等。美國海域及生態系統對於美國人民安寧健康及經濟發展等影響深遠，因此對於海洋環境必須實施有效管理，以避免海洋遭受污染或破壞。美國海岸防衛隊轄下兩大司令部更是積極執行高度迴游魚種、大陸礁層定居物種及溯河產卵魚種等海洋生物資源保護工作。並且設立國家海洋災害應變中心 (National Marine Response Centre; NRC) 機構，審慎訂定國家油污染緊急應變計畫等，避免美國海域受到原油及化學物品等侵害。

海洋環保工作是整體性，亦是全球性的活動。「先期預防」為美國海岸防衛隊對海洋環保的首要策略，諸如海洋教育、海洋監視、海洋檢查 (Marine Investigation)、海洋執法、海洋調查 (Ocean Survey) 及海洋污染防治等。當海洋污染事件發生時，其亦將迅速整合各政府機關、學術單位、利益團體及私人企業等以因應之。根據美國海岸防衛隊太平洋司令部統計的處理油污染排入海中案件數量，1997 年比 1993 年減少 16%。國家政策將直接影響美國國內及國外的海洋產業競爭能力，美國海岸防衛隊必須嚴格執行聯邦水污染防治法 1972 條正案 (Federal Water Pollution Control Act Amendment of 1972) 內容。期許美國國內法能符合

國際規範內容，並且能在合理、適切及最佳成本等前提下，確保海洋環保工作成效趨近完美。

　　繁忙的內河交通運輸及海岸工程 (Coastal Engineering) 的建設發展，已嚴重威脅海洋生物的居住環境。因此特別公告禁獵區及海洋生物保護區等措施，可使美國海岸防衛隊必須更積極監視近岸地區，極力保護海洋生物成長。甚至將來或有其他新發展趨勢時，美國海岸防衛隊更需要對於遠離海岸深水海域投入額外心力。遠洋漁業發展型態促使美國海岸防衛隊必須監視更深遠的海域。有關保育高度迴游魚種的國際公約及美國遠洋捕漁的執法工作等，均再再促使美國海岸防衛隊必須從傳統近海捕漁區遠至 200 浬專屬經濟區等海域，利用海空聯合巡邏方式執行法令任務。無論如何，美國海岸防衛隊結合友軍力量，採用新方法及應用新科技設備等，積極面對該新興型態海洋挑戰。

　　雖然海洋污染事件發生頻率已逐漸降低，但其潛在破損危機卻不斷擴大，因為船舶裝載更多及更大的危險物品等進出美國水域。因此美國海岸防衛隊必須立即反應處理任何可能影響生態環境的災難。美國海岸防衛隊透過整合救災動員規劃、應用自動決策支援系統 (Automatic Decision Supporting System) 及與優越友軍協同聯合能力等，以確實提昇美國海岸防衛隊災難反應處理能量。當海洋災難發生時，美國海岸防衛隊必須迅速對外分享海洋資訊，積極進行風險評估 (Risk Assessment)、訂定緊急救援計畫及降低災難損失等作業，並且必須擔任救災現場指揮官 (On-screen Commander) 角色。

(四)海域執法

美國海洋非法活動日漸增加，以致構成威脅預警界限逐漸模糊，但尚未到達非常嚴重侵害程度。美國政府正視此一日漸增長危機，更是迫切需要美國海岸防衛隊站在第一道防線，積極防制非法活動，並且居中協調國內、區域性及國際性等海巡組織共同打擊犯罪，阻絕非法走私等情事。特別是目前未開發或開發中國家等人民，為紓解其國內日漸嚴重的人口膨漲壓力、生活貧窮及長期內戰等亂象，企圖從海路非法偷渡進入美國境內。另以公海漁業資源漸次枯竭，導致外國漁船船隊大肆入侵美國海域內，進行非法捕漁作業。諸如 1996 年美國海岸防衛隊太平洋司令部即查獲一艘中國籍船舶，企圖運送 69 名中國籍非法偷渡犯進入美國，另又查獲八艘船舶共計走私超過 32,000 磅毒品。

有鑑於海域非法活動頻繁，美國海岸防衛隊最新執法計畫手冊 (Enforcement of Laws and Treaties) 即以保護漁業及其他生物資源、查緝毒品走私及查緝偷渡犯等重要任務項目。由於國際海運交通便捷及資訊傳送迅速等因素影響，以致跨國性犯罪組織即利用國際邊界多管道交通方式，大肆進行海上非法走私活動，其中概括有毒品及強大火力武器等。因此假若美國海岸防衛隊海上執法能力降低，那麼非法船舶均可輕易成功走私毒品及武器等進入美國境內，尤其是以強化玻璃纖維 (Fibre Reinforced Plastic; FRP) 材質船艇進行海上走私活動，利用雷達偵蒐設備是極難發現的。同時伴隨著美國國內法及國際公約等相關執行法令極

為繁雜,徒然增加美國海岸防衛隊監控整個海域的困難度及海域執法的複雜性等。

近岸巡邏艇、海洋巡防艦、海巡航空器、電腦、通訊及自動監控系統等設備均為海巡機構重要執法資產 (Assets),因此海岸防衛隊必須系統化整合各制式海巡應勤裝備能量,積極提升執勤機動性及快速反應處理能力。當在海上發現犯罪活動時,最符合經濟效益的海巡勤務作為即是在海上快速攔截 (Quick Interception at Sea)。其實施程序概略為 (1) 首先討論非法移民問題,美國海岸防衛隊在公海應立即執行驅離作為。(2) 其次考慮非法捕漁問題,在外國漁船進行捕漁之前,海巡監視設備即應監控蒐証取締。(3) 接著注意非法走私毒品及槍械等問題,在毒品及槍械等違禁物品進入美國陸地之前,美國海岸防衛隊應立即循線偵查破獲。(4) 最後是船舶檢查及危險物品問題,在船舶停泊錨地及接近海岸之前,美國海岸防衛隊即應要求其離境。

(五)軍事武力

在未來 15 年中,美國海岸防衛隊將有九型艦艇及七種航空器等海巡設備到達屆齡退休壽限。美國海岸防衛隊轄下所有高耐航 (High Endurance) 及中耐航 (Medium Endurance) 等巡防艦的平均船齡約 27 年,在世界 42 個主要擁有海軍艦隊國家中,其深水海巡艦隊船齡明顯較其他 38 個國家海軍艦隊為高。因此在面臨現今複雜的維護海洋安全挑戰,美國海岸防衛隊與美國國防軍隊等積極共同協防國家。同時美國

海岸防衛隊亦扮演準軍事武力角色，即 (1) 在和平時期擔負維持海域治安秩序任務，(2) 在戰爭時期即填補美國海軍 (United States Navy) 及海軍陸戰隊 (United States Marine Crops) 武裝能力之不足。現代武力最適應用規畫是對未部署武力區域，運用彈性武力 (Rotational Force) 方式，以達到最高戰爭整備效能，亦可採用其他替代方案，諸如聯合海岸防衛隊及美國海軍共同建立國家艦隊 (National Fleet) 構想。

　　未來美國國家安全政策 (National Security Strategy) 仍將持續策重於世界若干衝突區域，強化維持衝突區域穩定能力。基於外交政策考量，或當美國不便由國防部武力介入時，亦可由海岸防衛隊適時適切提供外國國家援助的另一合宜途徑。因此海岸防衛隊可與外國政府建立互信互助關係，恪遵和平時期不動用軍事武力承諾，有效促進區域性國際合作的國家策略。諸如敦睦艦隊、訓用合一、交換學生及資訊分享等例行工作，協助開發中國家建立海巡組織編制及維持全方位的海洋執法能力。事實上，在世界 70 個國家海軍中，概略超過 40 個國家的海軍本質屬於海岸防衛隊性質。因此海岸防衛隊在執行海巡任務時，經常牽涉政府跨部會工作範圍，並且亦提供更多外交及軍事等方面連繫交流機會。

　　基本上，海岸防衛隊任務性質必須考慮結合國家安全策略及國家軍事戰略等，並且未來海岸防衛隊可能面對若干未知及多樣化海巡執法工作，亦將積極處理海洋區域性衝突失衡事件威脅。總括而言，海岸防衛隊勢將持續以具備彈性應變及值得信賴等工作信念來面對挑戰。無論在國家和平、危機或戰爭等時期，海岸防衛隊均需隨時待命與國防軍事武

力及其他組織等協同合作努力。並且海岸防衛隊將積極面對新世紀所伴隨而來新國家安全挑戰，持續備便扮演美國軍事武力的重要角色。

四、未來發展目標規畫

當美國海岸防衛隊準備邁入下一個新世紀時，重要組織目標策略決定不斷考驗著美國海岸防衛隊。因此美國海岸防衛隊 2020 年規劃書 (USCG 2020 Prospectus) 內容即提出一個未來發展願景及目標任務架構，並且策訂重要功能，必須保障美國海岸防衛隊足以隨時準備應付現今的任務及工作等，甚至面對未來的任務需求及執勤等仍可勝任無虞。事實上，美國海岸防衛隊 2020 年規劃書為組織策略規劃及預算審核等作業基礎，同時直接引導美國海岸防衛隊重要需求計畫發展。總括而言，美國海岸防衛隊 2020 年規劃書主要內容均以組織發展基本需求為重。並且美國海岸防衛隊 2020 年規劃書文件是以提供計畫基礎，以吸引、訓練、維持及激勵高技能隊員，同時提出需求、設計、維修現代船艦、飛機及系統等設備，此即是制式能量的裝備 (Capabilities) 及編制能力的人才 (Competencies)。

當美國海岸防衛隊面對第三個一百年時，未來海洋資源維護、保育及利用等任務作業複雜性勢必甚於過去者，並且漸次錯綜複雜的海洋任務管理問題亦不斷嚴屬考驗美國海岸防衛隊的執法能力。因此美國需要一個安全、有效率及值得信賴的航道領航者，需要一個海域安全守衛

者、一個能在第一線打擊犯罪執法者，和一個能在公海、美國鄰接區、領海、沿岸及內河水道等水域執行海洋資源保護的環保義工，並且需要與其他美國軍事單位協同合作，有效支援政府維護國家安全的戰略及政策。無論如何追根究底，欲使美國海岸防衛隊未來執勤更有效能及效率等保證磐石，美國海岸防衛隊的男女隊員在於專業、領導統御及無私為人服務等優秀表現，即以能力、榮譽、尊重、恆心、毅力、勇敢果決、工作熱忱及捨己為人等為精神依歸。

反觀我國海岸巡防署組織草創之際，礙以政府組織精簡政策推展，因此其組織架構、任務目標、人員任用及設備編裝等重大要素均未能審慎嚴謹規劃。作者本於個人對於我國海巡機關發展關懷及研究熱忱等，提供若干海巡機關未來發展規畫建議，即應深入研習美國及日本等先進國家的海岸防衛隊組織，並且精闢剖析其與我國海巡機關之組織任務及環境等異同，以期去蕪存菁，強化組織管理，提昇我海巡署執法效能。至於我國海岸巡防署組織未來發展規畫要素方面，應積極強調於 (1) 制式能量應勤裝備、(2) 編制專業能力人才、(3) 海洋資訊服務系統、(4) 海巡組織架構制度、(5) 專業績效評估管理及 (6) 無私為人服務精神教育等。

(一)制式能量裝備

面對美國 225 萬平方哩領海及更浩瀚專屬經濟區等海域的海洋執法任務需求，廿一世紀的美國海岸防衛隊必須廣泛應用資訊、情報及

通訊等科技設備,以任務第一為基礎,努力提昇其執勤運作的高機動性及彈性應變能力等。於是美國海岸防衛隊計畫斥資 150 億美元,執行為期 15-20 年,最大規模、具有創新概念的整合深水計畫 (Integrated Deepwater Project),期使美國海岸防衛隊未來執勤更有效率及效能。

現今海岸防衛隊老舊設備等,諸如一些甚至可追溯到第二次世界大戰的設備,其中 378 呎漢彌頓級 (Hamilton Class) 高航程巡邏艦需配置 19 位官長幹部 (Officer) 及 152 位船員 (Enlisted Personnel) 等,其所需人力為現今同樣船長的先進自動化巡防艦者 2-3 倍之多。因此廿一世紀的所有海巡應勤設備等均必須重新設計整合,以適當適切因應海洋任務需求,諸如 (1) 水下遠距遙控艇、(2) 水下作業潛艇、(3) 水上遙控監控艇、(4) 自動扶正救難艇、(5) 近岸巡邏艇、(6) 海洋環保調查船、(7) 緊急消防拖曳船、(8) 遠洋漁護巡防艦 (Waterborne Assets)、(9) 無人遙控飛行載具、(10) 旋翼航空器、(11) 定翼航空器 (Airborne Asset) 及 (12) 指管通情系統 (C4ISR) 等。

整合深水計畫 (IDP) 是依序汰換現有中、高耐航力的海巡船艇、艦載航空器、應勤裝備及指揮管制系統等。「深水計畫」為一應勤設備需求計畫,可提供廿一世紀執行海巡任務所需裝備能量,尤其適合離岸 50 浬外水域的執勤要求,同時強化海岸線上美國海岸防衛隊各駐地的執勤能力等。並且該海岸防衛隊整合深水計畫需求設備均完全可與美國國防軍事武力裝備能量相容,因此美國海岸防衛隊的所有海巡資產均可進行作更有效率及有效能等方式整合,明確精簡規畫設計籌獲執勤,以

無懈精神面對未來海巡任務挑戰。

　　現今沿岸小艇、舷內機救生艇及近岸巡邏艇等需求計畫，可預期在廿一世紀的前二十年內可悉數完成佈署，屆時可有效涵蓋所有海岸線及各島嶼等水域。另美國海岸防衛隊駐地小艇及多用途小艇等汰舊換新亦屬必需，適合緊急任務的專業船艇計畫更必須被確認及編入籌獲時程。衛星及訊號接收器可提供真時 (Real Time) 資訊及情報等，得以有效監控整個海域瞬息萬變狀況。在美國海岸防衛隊有效領導監控下，各式船艇與商港連絡網、指揮中心及通訊系統等海上交通管理系統設施，將對此一國際級水道管理具有極其重要貢獻。

　　「整體後勤支援系統」 (Integrated Logistics Support System; ILSS) 對於美國海岸防衛隊的所有海巡船艦、航空器及指管通情系統等資產均視為同等重要。整體後勤支援系統為新一代資訊管理系統，可連接執勤資產及其所需料配件生命壽期等使用資訊。「整體後勤支援系統」可謂一創新制度，同時亦兼俱降低設備維保與修護、強化人力規劃與訓練、料配件庫存管理、財務成本控制及資源分享相互支援等功能。該「整體後勤支援系統」尤其重要功能是其可瞭解預測漸增需求趨勢，並且可預先指示其人事管理系統必須因應裝備即時反應能量需求，以提供經濟有效率的操作船艇、航空器、指管通情系統及駐地執法勤務等對專業化學有專精的人力資源。

　　當美國國防部持續針對全球特定區域衝突及小規模突發等事件重新擬定其作戰策略，或裁減人力等作為時，美國海岸防衛隊仍是隨時待命

擔任重要的軍事防衛及國家安全等任務。另為有效支援美國海岸防衛隊的海洋執法任務推展，並且配合美國國防部的情報蒐集及監管等軍事工作，因此美國海岸防衛隊迫切需要額外的海洋巡邏船、航空器及海域監視系統等。此外，美國海岸防衛隊的未來船艦、航空器及指管通情等計畫，將配置有完善功能裝備足以應付低威脅衝突狀況環境，並且有適當能力符合滿足戰時國防領導統御作戰任務需求。

(二)編制能力人才

在仰首邁入廿一世紀之際，所有美國海岸防衛隊隊員均應接受良好海事專長教育，並且擁有應付任何天候及海象的海上執勤能力。美國海岸防衛隊人員擔負多功能責任且被賦予各種法定職權等，因此必須要求各編制人員應俱備足夠任務適應能力及彈性，以便隨時準備扮演多重任務角色 (Multi-mission Role)。同時多功能的任務特色使得各編制人員俱備有多方面專業能力 (Professional Competencies)，亦是美國唯一國防武力可執行多樣化任務特質的軍種。美國海岸防衛隊的軍事化管理使得隊員擁有相當軍事紀律管理，以致其可有效率及有效能順利完成所有國家託付任務。

現階段美國海岸防衛隊正積極精簡組織架構及整合組織功能，藉以提昇執行主要任務品質及降低執法成本 (Cost Reduction) 等。美國海岸防衛隊是以服務顧客為導向 (Customer Oriented)，並且勵行內部管理及量化評估等工作考核標準。未來美國海岸防衛隊仍是一個世界級的

組織，將充份授權其隊員作重要任務決定。並且其隊員必須擅長於預測及因應各種海洋萬變任務狀況。由於有效率的績效管理 (Performance Management)，將導致擴大執法盈利及節餘預算成本，將可供為更新籌建海巡載台、系統及駐地等軟硬體設備費用所需。

美國海岸防衛隊更瞭解與友軍合作的重要性，積極招募任用各種海巡專長隊員，並且提供社會大眾最佳服務。此外，進行編制隊員及義勇人員等編組訓練作業，以便經常能在各駐地順利完成海巡任務工作。美國海岸防衛隊積極強化內部各單位間互相協調合作，同時美國海岸防衛隊在各海巡基地間開放通訊連絡網路系統功能，亦與各友軍、社會公眾及情報單位等共同分享其公用資訊。

廿一世紀美國海岸防衛隊的最大行動力量在於所有隊員專業能力及無我承諾等，即以榮譽、尊重、恆心、毅力、勇敢果決、工作熱忱及捨己為人精神為中心。尖端應用科技設備絕對不可能取代組織遠見及人員犧牲奉獻精神，因此此種精神將持續不斷領導美國海岸防衛隊通往成功目標。即使是 1997 年美國海岸防衛隊太平洋司令部執行搜救任務，7 位海岸防衛隊隊員不幸罹難，其中 4 位發生直昇機意外，另外 3 位發生船難 (Marine Casulties)。美國海岸防衛隊仍持續積極選擇、吸收、培養及維持來自各種管道的優良隊員，亦極力培育訓練所有隊員俱備優越領導能力及管理技巧等。

海岸防衛隊擁有符合人員利益及發展需求的高品質生涯計畫藍圖 (Career Programs)，並且涵括有人員深造及領導陞遷等機會的工作激勵

制度。多方面的長期訓練使得各隊員俱有更廣泛及彈性的選擇能力，同時工作環境亦可以提供最佳生活照顧，離鄉背景隊員更相信美國海岸防衛隊會用心照顧其家庭生計。事實上，執行海巡任務的專業知識極為重要，因此必須持續不斷學習專業學識及提昇其專業能力等。未來執法在職訓練課程設計是針對個別需求、以科技應用為基礎、以工作地點所需求專長為主。

　　瞭解美國海岸防衛隊為世界主要海上執法專業單位之後，勢將要求其所屬隊員更具有國際競爭能力。所有受尊重的隊員亦應深深瞭解只要將美國海岸防衛隊的傳統榮耀持續推展至未來，方能證明其為世界最優秀的海巡執法族群。因此面對廿一世紀的海巡任務挑戰，美國海岸防衛隊仍將以現役、後備、文職及義勇等人員（即為美國海岸防衛團隊），以專業技能及傳統榮耀精神為基礎再出發（即為海事專業及奉獻犧牲的美國精神）。

(三)海洋資訊服務系統

　　我國行政院海岸巡防署應積極建立海洋資訊服務系統，設置電腦區域網路 (Local Area Network; LAN) 站台。惟今之計，可行研究試辦海洋巡防總局網站與中央警察大學水上警察學系暨研究所網站連結，將來亦可與台灣警察專科學校海洋巡防科網站連結，以形成完整海岸巡防教育訓練機構（即為未來設立海岸巡防學院 [Coast Guard Academy] 或海岸巡防大學 [Coast Guard University] 的雛型）。另水上警察研究所成立

海域執法實務、海巡應用科技及海巡事務規畫等三個研究室,以強化海域執法相關學術及實務等研究,進而培育我國海域巡防領導幹部人才,提昇我國海域巡防執法相關學術研究水準。

　　有關海洋巡防總局資訊服務系統區域網路建構架設內容應可與立法院及行政院轄下各相關部會連結,諸如內政部警政署、財政部關稅總局、交通部航政司、農委會漁業署、環保署、衛生署及陸委會等,以即時取得相關法令規章及執法案例說明。並且必須與海巡業務相關研究機構網站連結,諸如海洋政策研究中心、中央氣象局海況中心、近海水文中心、海洋科技學院、海域執法實務研究室、海巡應用科技研究室、海巡事務規畫研究室、海洋研究所及港灣研究所等,以即時取得最新海巡研究新知及進行實務諮詢討論等。

　　有關海洋巡防總局資訊服務系統建構架設內容應涵括資料庫模組及諮詢服務模組等功能。其中資料庫架構可根據組織編制巡防、海務、船務、研習中心及相關單位等為主,彙纂其相關業務資訊文件及法令規章等。諸如 (1) 巡防組編整海域執法相關適用法令。(2) 海務組彙編廣義海洋事務相關法令規章、建立相關海洋環保、海難救護及海上交通業務等應用科技設備資訊檔案、架設相關國際專業研究及實務等機構支援網路、安裝統一格式電子海圖應用系統、整理各港口水文及天候海況等資料庫。(3) 船務組彙整現有船艇技術文件及設計圖樣資料庫、各式船艇維修記錄及定期檢驗等資料庫、各式船艇零組件後勤補給及庫存管理資料庫、新船型研發規畫、現有船型缺失診療及性能評鑑、船用設備廠商

資料庫及船舶設計建造檢驗維修諮詢技術網路系統等。(4) 研習中心專責建立海域執法、海巡技術、海巡行政、海洋巡護、海巡通訊及海巡科技設備等各專業在職教育訓練相關機構網路系統、彙編各海巡專業科目教育訓練課程內容及教學績效評鑑、規畫構建海巡人員及領導幹部的基礎教育、深造教育及在職訓練等制度。

至於水上警察研究所設置三個研究室的主要功能分述如後：

(1) **海域執法實務研究室：**著重於海巡執法相關法理研究及實務應用討論，諸如小三通政策執法、海巡法規討論、國際海洋法研究、漁港安檢執法、海洋污染防治執法、海事案件偵辦移送、海上犯罪偵查討論及走私偷渡執法等。

(2) **海巡應用科技研究室：**著重相關應用科技設施研究及實務探討等，並且進行人員教育訓練及人力預算資源等規畫。至於相關應用科技設備涵括有航空、船舶、海洋、輪機、航海、通訊及資訊等應用科技方面，諸如定翼航空器 (Fixed-Wing Aeroplane)、旋翼航空器（直昇機 Helicopter/Rotorcraft）、無人飛行載具 (Unmanned Aerial Vehicles; UAV)、直昇機母艦 (Helicopter Carrier)、大型巡防艦 (Large Patrol Vessel)、海洋研究船、消防環保船、巡邏快艇 (Patrol Craft)、救難艦艇 (Motor Life Boat/Search and Rescue Vessel)、近岸巡邏艇、沿岸軟缸橡皮快艇、潛水艇及無人水下載具 (Remote Ocean Vehicles; ROV)、海難搜索救護、海洋污染防治、海洋量測及相關研究設

備、電子指管通情監蒐 (C4ISR) 等設施。

(3) **海巡事務規畫研究室**：專責於海巡相關事務未來規畫及執行實務等研究發展工作。至於其研究發展工作範圍涵括有海上交通管理 (Vessel Traffic Management)、海難搜索救護 (Search and Rescue)、海洋污染防治、海洋資源保育、遠洋漁業巡護、海洋資訊服務、海上犯罪偵查、海事糾紛處理、海巡組織再造 (Organisation Re-Engineering)、海巡績效評估 (Performance Evaluation)、海巡設備規畫及海巡勤務規畫等。

五、結論與建議

有關我國海巡機關設置歷史沿革及法定任務範圍等，在本研究論文中均作精簡說明。對於未來所面臨萬變的海洋執法環境，諸如世界變動、經濟發展、人口膨脹、裝備老化、有限資源及海洋環境隱憂等，均審慎比較研析兩國海巡機關所面臨問題的異同處。另有鑑於我國行政院海岸巡防署成立迄今已有年餘，其組織架構、任務功能、未來目標及人事任用等關鍵要務仍待迫切改善調整。時值我國海洋事務急遽發展之際，諸如兩岸小三通、海難搜救、海域油污、海洋保育、海上航安、海事糾紛及病毒傳染等事件層出不窮，在經審慎研析評估我國海岸巡防法所規定海洋事務執掌範圍後，謹以組織架構功能目標性質類似的美國海岸防衛隊 (United States Coast Guard) 為借鏡，期能為我國海域巡防及

執法等事務規畫提供些許有益建議。

　　依據海洋執法的未來任務需求型態，諸如海上救難警戒、海洋航道安全、海洋環境管理、海域執法及國防軍事武力等，並比較研析我國海岸巡防署及美國海岸防衛隊等兩者所面臨問題異同。兩國海巡機關亦積極規劃籌獲海巡艦艇、航空器及指管通情系統等設備需求。美國海岸防衛隊所提出「整合深水計畫」，整合海巡艦艇、航空器及指管通情系統等，並且與美國海軍戰略能量相互支援融通，成為美國第五軍種。在和平時期擔任海域執法任務，在作戰時期積極遂行支援美國海軍遂行軍事任務。其計畫考量目標完全策重於基本需求能量，並非單純著重特定任務需求能量。美國海岸防衛隊 2020 年規劃書為一策略規劃及預算審核基礎，並且構建美國海岸防衛隊的重要需求計畫。美國海岸防衛 2020 年規劃書大部份內容均強調任務基本需求，並且提供為未來發展計畫研擬參考，以吸引、訓練、維持及激勵高專業技能人員（即為編制能力人才），同時提出規畫、設計、建造，與維修現代船艦、航空器及指管通情系統等（即為制式能量裝備）。

　　反觀我國海岸巡防署組織草創之際，礙以政府組織精簡政策推展，因此其組織架構、任務目標、人員任用及設備編裝等重大要素均未能審慎嚴謹規劃。作者本於個人對於我國海巡機關發展關懷及研究熱忱等，提供若干海巡機關未來發展規畫建議，即應深入研習美國及日本等先進國家的海岸防衛隊組織，並且精闢剖析其與我國海巡機關之組織任務及環境等異同，以期去蕪存菁，強化組織管理，提昇我海巡署執法效能。

至於我國海岸巡防署組織未來發展規畫要素方面，應積極強調於 (1) 制式能量應勤裝備、(2) 編制專業能力人才、(3) 海洋資訊服務系統、(4) 海巡組織架構制度、(5) 專業績效評估管理及 (6) 無私為人服務精神教育等。

　　台灣四面環海，海洋為我中華民國走向世界的主要道路，並且台灣本身天然資源缺乏，其主要來源均賴進出口貿易供應，因此海洋航運攸關台灣整體經濟發展。然而中共軍事武力威脅、或影響社會治安的毒品、槍械及爆裂物等違禁物品均來自海上，因此，警衛領海及海域航行安全密切關係台灣未來生存發展。行政院海岸巡防署為我國海域執法專責機關，因此其工作績效直接攸關我國社會治安及財政經濟穩定發展等。今檢視海洋巡防總局所屬各式艦艇，仍以近岸巡邏艇數量為多數，並不利於長時間海巡執勤，對維護我國鄰接區、專屬經濟海域或公海等權利尚且不足。近期中海洋巡防總局陸續接收財政部關稅總局所移撥多艘千噸級高航程巡防艦、四艘新造六百噸級中航程巡防艦及自行籌建一艘五百噸級中航程巡防艦等，理應可適度調節海巡勤務需求。但關稅總局要求移用現有海洋巡防總局轄下多艘五十噸級及百噸級近岸巡邏艇等主力海巡船型，勢必將嚴重影響海巡執法效能，因此應有必要重新檢討調整籌獲新式裝備規畫。

　　因應法定任務必須審慎籌獲海巡艦艇、航空器及指管通情系統等設備，我國行政院海岸巡防署人員必須針對現今及未來任務特性及種類型態，先期確定且詳加研擬規畫。倘若現今或未來將兼負國防軍事任務，

更應嚴謹考量設置輕型武器及其他相關裝備等規畫。根據海岸巡防署所擔負海巡專業任務範圍，所謂工欲善其事，必先利其器。於是在已完成水警警艇整體購建研究計畫內，亦對未來海巡艦艇籌建種類數量、佈署位置及優先順序等均有相當詳實討論建議，諸如 (1) 補足編制海巡艦艇數量及規劃現有海巡船艇汰舊換新時程。(2) 設計建造專責新型高速近岸巡邏艇（適用於近岸三浬向外延伸至廿四浬鄰接區海域）及沿岸軟缸橡皮快艇（近岸三浬巡防及河搜應用）等。(3) 規劃籌獲耐航性佳中遠航程巡邏艦 (Medium/High Endurance Offshore Patrol Vessel：適用於廿四浬向外延伸至兩百浬專屬經濟區海域) 及大型直昇機母艦 (Helicopter Carrier) 等。(4) 規劃籌獲自動扶正式救難船艇 (Search and Rescue Boat/ Motor Life Boat; MLB)、硬殼充氣式救難船 (Rigid Inflatable Boat; RIB) 及多功能拖船 (Multi-purpose Tug Boat) 等。(5) 籌獲海洋環保船及油污染處理船 (Crude Oil Recovery Vessel)。(6) 籌獲海洋消防船 (Fire- fighting Vessel)。(7) 籌獲海洋起重船 (Sea Lifter)、海洋資訊調查船 (Oceanographic Survey Vessel) 及海洋研究船 (Ocean Research Vessel) 等。(8) 規畫籌建海下探勘救難特種用途潛艇及無人水下載具 (ROV) 等。(9) 規畫籌獲定翼航空器、旋翼航空器、直昇機及無人飛行載具 (UAV) 等。(10) 力求各式航空器及船型種類單純化，以利提昇日後海巡應用科技設備的維修後勤及備件庫存管理績效。(11) 規畫建購海洋污染檢測、海難搜救及海洋事務等應用設備。(12) 架設海域船位目標電子岸際監控雷達、夜視及通資等系統設施，落實管轄岸際水域監管及通聯等

任務作業。(13) 改善現行勤務規畫實施方式，應採巡邏警網及機動警網等兩種型態相互支援兼顧，以撙節勤務實施費用成本，有效提昇海巡任務績效。

對於我海岸巡防署未來發展願景方面，由於現今政府機關正屬行組織及預算精減管理策略，因此 (1) 海岸巡防署現有編制名額仍較先進國家海巡機構人員數量為多，諸如美國海岸防衛隊、日本海岸防衛隊及南韓海洋警察署等，應審慎針對實際需求再行精減調整人員數量。(2) 根據先進國家海巡機構組織架構研究分析結果，可以確知海巡編制人員數量應遠較岸巡人員數量為多，並且均以實施海域執法及海洋事務等為主要任務，因此我國未來海岸巡防署編制人員架構及組織任務目標等，亦應審慎參考先進國家海巡機構制度以調整之。(3) 我海岸巡防署組織管理應採行企業經營理念，撙節預算費用，確實精減人力，提昇組織功能績效，擴大執勤績效盈餘。(4) 針對執行各專責海巡任務的海勤及陸勤人員，應強化其個別專業執法及技能等在職教育訓練工作，諸如建立海岸巡防署人員在職教育訓練中心（類似美國海岸防衛隊基層訓練中心機構），培訓各種海域執法專長技能的種子教官，一者藉以調節岸海勤人員年齡結構；再者暢通岸海專業人才流通管道，以提振海巡人員工作士氣；另者強化資深執勤人員經驗的累積傳承及改善提昇等。(5) 建立強化各海巡應用科技設備等專長的人力教育訓練中心機構，諸如海巡應用科技設備研發中心及船舶維修保養中心等，以確實建立基礎海巡船艇及海洋事務設備等保修能量，回饋未來海巡應用科技設備及船艦等研發規

畫。(6) 建立強化各海上交通管理、海洋污染防治、海難搜索救助及海洋資源保育等海洋事務專長的人力教育訓練中心機構，諸如海洋事務應用科技中心等，以確實建立基礎海洋事務設備等保修能量，回饋未來海洋事務科技設備應用研發及專業人員教育訓練課程等規畫。(7) 加強海岸巡防專業學理研究及實務研發等專業人力教育訓練，諸如設立海岸巡防學院或海岸巡防大學，以培育各級領導幹部、學術研究及勤務策略研發管理等海巡專業人力，健全未來海岸巡防署組織功能發展。(8) 研擬海岸巡防投資計畫說明書，從海岸巡防任務執勤制度及執法策略規畫，海岸巡防整體海巡應用科技設備購建規畫，海岸巡防整體海洋事務應用科技設備購建規畫，海巡專業人力教育訓練、設備購置及預算編列等需求時程編訂規畫，至完整海岸巡防白皮書等重要海巡文件，說服行政院及立法院等積極投資我海岸巡防署機構，進而充實編制海巡資源，擴大海巡任務執法績效。

有關海巡勤務指揮管控責任範圍規畫方面，諸如 (1) 各河口至沿岸三浬範圍內水域由沿岸軟缸橡皮快艇設備進行執法任務。(2) 沿岸三浬向外延伸至十二浬領海範圍內水域由現有三十噸級、三十五噸級、五十噸級及六十噸級等近岸巡邏艇負責海巡執法任務。(3) 自十二浬領海向外延伸至廿四浬鄰接區範圍內水域由現有百噸級海巡艇，機動船隊及直屬船隊一百噸級、二百噸級、四百噸級、五百噸級及六百噸級等中航程巡邏艦，負責海巡執法任務。(4) 自廿四浬向外延伸至兩百浬專屬經濟區範圍內或國際公海水域由現有直屬船隊及機動船隊的八百噸以上各

級高航程巡邏艦，負責海域執法及漁業巡護等任務。(5) 規劃購建自動扶正式救難艇負責近岸水域海難人員救援任務。(6) 移撥現有五十五噸級鋼質海巡艇執行小型擱淺船艇拖救及海洋資源保育等任務。(7) 規劃購建海洋污染處理船及相關設備執行海洋污染防治任務。(8) 規劃購置航空器設備負責海域巡邏、救難及犯罪偵防等任務。(9) 規劃購建岸際監控雷達系統負責近海及岸際水域、或沿岸陸地等可疑目標犯罪偵防任務。(10) 規劃購建海巡觀通指參設施負責各目標情報資訊的獲得、傳輸、記錄及分析等海巡任務。

　　有關海巡勤務指揮管控制度規畫方面，諸如 (1) 廿四浬鄰接區水域邊界採用定點海巡船艦巡邏警網，負責執行各出入水域船舶及人員等安檢犯罪偵防任務。(2) 十二浬領海水域邊界採用定點海巡船艇巡邏警網，負責執行各出入水域船舶及人員等安檢犯罪偵防任務。(3) 六浬近岸水域內採用海巡船艇機動警網，負責執行各出入水域船舶及人員等安檢犯罪偵防任務。(4) 沿岸陸地管制及漁港安檢所等區域內宜採用巡邏警網與機動警網併用，負責執行各出入水域船舶及人員等安檢犯罪偵防任務。(5) 海巡艦艇監視雷達所得近岸、領海及鄰接區等水域的可疑目標安檢監控及犯罪偵防等情資，並且配合岸際目標監控雷達、夜視及通資等系統設施所得沿岸水域及陸地管制區等的可疑目標安檢監控及犯罪偵防等情資，透過海巡勤務指揮中心作海巡情資彙整，最終與偵防查緝隊情資作一整合分析研判，進而提供海巡勤務指揮官下達海巡任務執法作為參考。(6) 因海上犯罪偵防情資理應海巡艦載雷達最先取得，岸際

監控雷達所得情資為後，並且海域天候海況及航海技能等專業知識因素，所以海巡署指參管控策略規畫及任務實施均應恪守以海領陸的無二準則。(7) 規畫建設海巡情報電子資料庫系統，以有效彙整分析海巡艦艇監視雷達、岸際目標監控雷達及偵防查緝隊等所蒐集海巡情資，進而杜絕海上非法活動，裨益海洋事務順利推展。(8) 有關海洋事務勤務制度規畫宜採平時定期巡邏警網及緊急機動警網併用，以確實提昇平時保安緊急救援效能。

有關現行海巡署組織架構調整規畫方面，諸如 (1) 應將現有機關編制人員迅速實施「岸海合一」專案，確實整合為一群有組織有紀律的海巡執法專業文職人員。(2) 組織專責目標應以執行海域執法及海洋事務等任務為主，諸如海域犯罪偵防、海域交通安全、海洋污染防治、海難搜索救護、海域環境保護及海域漁業巡護等任務。另以執行漁港安檢及沿岸管制區陸巡保安等執法任務為輔，且陸巡保安業務應與各縣市警察局治安專責機關密切合作，以落實打擊犯罪維護治安職責。因此組織目標應定位於以執行海域執法及海洋事務等任務為主，而以執行漁港安檢及沿岸管制區陸巡保安等執法任務為輔。(3) 因為海巡署人員任用方式應可採用警察人員任用條例為主修改適用之，所以其組織架構亦可採用警政署、縣市警察局、警察分局及警察派出所等架構模式進行規畫，如此即可順利推展海巡業務。於是建議海岸巡防署組織架構可採海巡署、區域海巡局、海巡分局及海巡派出所等模式進行規畫，並且在海巡署下設直屬海巡艦隊，在區域海巡局下設機動海巡隊，在各海巡分局下設海

巡隊、陸巡隊及偵防查緝隊等，以落實組織海域執法及海洋事務等任務目標。(4) 署本部應設立海洋事務發展委員會及海洋應用科技委員會等，以為海巡執法政策及應用科技設備等研發規畫參考。(5) 署本部設立海巡及海務等專業領導幹部研習教育訓練中心（諸如海岸巡防學院等），以強化海巡執法基層人員及領導幹部等人力教育訓練成效。(6) 署本部設立海巡及海務等專業人員研習訓練中心（諸如海岸防衛隊人員訓練中心），以強化海巡執法基層人員及領導幹部等人力在職教育訓練成效。

有關海巡人事任用制度規畫方面，以最終海巡署編制人員均屬國家考試及格的文職人員為主，因此建議將其概分為海勤人員及陸勤人員等兩大類，其中 (1) 海勤文職人員應可以原內政部警政署水上警察局海巡人員及財政部關稅總局海務人員等任用制度為基礎進行修改調整。(2) 陸勤文職人員亦應可以內政部警政署警務人員任用制度為基礎進行修改調整。至於現有軍職人員均應遵循國家文官考選任用制度，儘速透過國家海巡人員特種考試及格，取得正式文職人員資格，以確切落實國家文官任用制度真諦。(3) 各級人員任用均需定期進行專長職能簽證，以確實提昇編制人員海巡執法品質及績效。

有關海巡人事管理制度規畫方面，基層海巡人員陞遷管道必須審慎研議開放，以順應文官考用合一精神，並且輔以嚴格考核淘汰制度。對於績效不良海巡官長亦應考慮降職懲處，建立公平、公正及公開的人事管理制度，以有效激勵基層海巡人員努力向上士氣。故特別建議我海岸

巡防署的人事管理制度應可採用美國海岸防衛隊作法，諸如其編制內中低階領導幹部人員約有六成由海岸防衛學院（如警大水警系所）及四成由海岸防衛隊基層訓練中心（如警專海巡科）等畢業同仁拔擢晉陞所組成。並且必須每年接受定期專長訓練考核簽證，以維持其有適任執勤管理職能，確實擔負國家所賦予海巡執法任務，不負社會大眾所期望。

　　有關海巡人員正規教育訓練制度規畫方面，諸如 (1) 基層海巡人員教育：警專海洋巡防科。(2) 海巡領導幹部教育：中央警察大學水上警察學系二年制技術及四年制正科等。(3) 海巡專業學術深造教育：中央警察大學水上警察研究所。(4) 海域執法研究：設立海域執法研究中心。(5) 海巡應用科技研究：設立海巡應用科技研究中心。(6) 海洋事務規畫研究：設立海洋事務執行策略規畫研究中心。(7) 海域執法及海巡技術等相關學程推廣教育：台灣海洋大學、國防大學、中正理工學院及高雄海事技術學院等校協助教育訓練工作推廣。(8) 籌設海岸巡防學院或海岸巡防大學：先期發展應可以現有水上警察教育體系為基礎，融合國境警察及岸巡等相關執法及工程學科，進而發展成為海巡學院雛型。考慮實際海巡人員執法任務及海巡岸巡專業師資等層面，先期海巡學院籌設應以依附中央警察大學為宜，亦可耳濡目染塑造術德兼備文武合一的海巡執法人才。未來伺機成熟發展為獨立學院，並且視未來海巡署任務需求型態，擴增若干相關電機、土木、造船、航海、輪機及海洋科學等學程，最終以設立海岸巡防大學為目標。

　　有關海巡人員在職教育訓練制度規畫方面，諸如 (1) 組織專責目標

應以執行海域執法及海洋事務等任務為主，諸如海域犯罪偵防、海域交通安全、海洋污染防治、海難搜索救護、海域環境保育及海域漁業巡護等任務。(2) 署本部設立海巡及海務等專業人員研習訓練中心（諸如海岸防衛隊人員訓練中心），以強化海巡執法基層人員及領導幹部等人力在職教育訓練成效。(3) 研習中心專責建立海巡執法、海巡技術、海巡行政、海洋巡護、海巡通訊及海巡科技設備等各專業在職教育訓練相關機構網路系統、彙編各海巡專業科目教育訓練課程內容及教學績效評鑑、規畫構建海巡人員及領導幹部的基礎教育、深造教育及在職訓練等制度。(4) 建立強化各海巡應用科技設備等專長的人力教育訓練中心機構，諸如海域執法實務研究中心等，以確實著重於海巡執法相關法理研究及實務應用討論，諸如小三通政策執法、海巡法規討論、國際海洋法研究、漁港安檢執法、海洋污染防治執法、海事案件偵辦移送、海上犯罪偵查討論及走私偷渡執法等。(5) 建立強化各海巡應用科技設備等專長的人力教育訓練中心機構，諸如海巡應用科技設備研發中心及船舶維修保養中心等，以確實建立基礎海巡船艇及海洋事務設備等保修能量，回饋未來海巡應用科技設備及船艦等研發規畫。(6) 建立強化各海上交通管理、海洋污染防治、海難搜索救助及海洋資源保育等海洋事務專長的人力教育訓練中心機構，諸如海洋事務應用科技中心等，以確實建立基礎海洋事務設備等保修能量，回饋未來海洋事務科技設備應用研發及專業人員教育訓練課程等規畫。

目前政府預算額度有限，雖然數量多艦艇查緝能力相對提高，卻不

可能無限制地籌獲新艦艇。宜參考美國海岸防衛隊的組織編制精實計畫構想，推動績效管理，提昇執勤效能，適度精簡編制人力及設備預算規模。海軍與海洋巡防總局為我國政府在海上執勤機關，未來海洋巡防總局除加強與外國海岸巡防機關交流合作外，亦應積極與海軍在艦艇、航空器及指管通情系統等科技資訊分享應用，以適度避免國家預算重複編列，適切籌獲性能佳及妥善率高的海巡應用艦艇及相關設備，以順利達成國家託付海巡執法任務。

參考文獻

1. 丁維新，「水上警察（再版）」，水上警察學系，中央警察大學，中華民國 86 年 3 月，頁 131-143。

2. 「中華民國專屬經濟海域及大陸礁層法」，立法院第三屆第四會期第廿八次會議通過，中華民國 86 年 12 月。

3. 「中華民國領海及鄰接區法」，立法院第三屆第四會期第廿九次會議通過，中華民國 87 年 1 月。

4. 黃異，「國際海洋法」，國立編譯館主編，渤海堂文化公司，中華民國 85 年 5 月，頁 33-58。

5. 「內政部警政署水上警察局組織條例」，總統令，中華民國 87 年 6 月。

6. 「海岸巡防法、行政院海岸巡防署組織法、行政院海岸巡防署海洋巡防總局組織條例、行政院海岸巡防署海岸巡防總局組織條例及行政院海岸巡防署海岸巡防總局各地區巡防局組織條例等海巡五法」，總統令，中華民國 89 年 1 月。

7. 吳東明，「船舶設計實務經驗在海上登檢密艙查緝作業方面的應用研究」，第 4 期，第 30 卷，警學叢刊雜誌，中央警察大學，中華民國 89 年 1 月，頁 282-284。

8. 'Enforcement of Laws and Treaties Program', Maritime Law Enforcement Manual, U.S. Coast Guard, U.S.A., February 1994, pp. 2-1.

9. Anderson, M., Burton, D., Palmquist, M.S., Waton, J.M., 'The Deepwater Project - A Sea of Change for the U.S. Coast Guard', Naval Engineers Journal, U.S.A., May 1999, p. 125.

10. 'Streamlining Blunt the US Coast Guards Cutting Edge', Jane's Navy International Journal, U.S.A., Septembre 1999, p. 36.

11. Anderson, M., Burton, D., Palmquist, M.S., Waton, J.M., 'The Deepwater Project - A Sea of Change for the U.S. Coast Guard', Naval Engineers Journal, U.S.A., May 1999, p. 125.

12. 'American Steel and the Coast Guard', U.S. Coast Guard, U.S.A., April 1998, p. 11.

13. 'Coast Guard 2020', U.S. Coast Guard, U.S.A., May 1998, p. 5.

14. 'Coast Guard 2020', U.S. Coast Guard, U.S.A., May 1998, p. 5.

15. Truver, S.C. and Nelson, D., 'The Integrated Deepwater System : Rebuilding the US Coast Guard', Warship Technology Journal, Royal Institution of Naval Architects, U.K., August 1999, pp. 15-17.

16. 'Streamlining Blunt the US Coast Guards Cutting Edge', Jane's Navy International Journal, U.S.A., Septembre 1999, p. 38.

17. Truver, S.C. and Nelson, D., 'The Integrated Deepwater System : Rebuilding the US Coast Guard', Warship Technology Journal, Royal Institution of Naval Architects, U.K., August 1999, p. 16.

18. 'Business Overview - Coast Guard Pacific Area', U.S. Coast Guard, U.S.A., January 1998, p. 12.

19. 'Business Overview - Coast Guard Pacific Area', U.S. Coast Guard, U.S.A., January 1998, p. 2.

20. 'Patrol Craft', Navy International Magazine, U.S.A., September/October 1994, p. 234.

21. Truver, S.C. and Nelson, D., 'The Integrated Deepwater System: Rebuilding the US Coast Guard', Warship Technology Journal, Royal Institution of Naval Architects, U.K., August 1999, p. 16.

22. 'Business Overview - Coast Guard Pacific Area', U.S. Coast Guard, U.S.A., January 1998, p. 2.

23. Anderson, M., Burton, D., Palmquist, M.S., Waton, J.M., 'The Deepwater Project - A Sea of Change for the U.S. Coast Guard', Naval Engineers Journal, U.S.A., May 1999, p. 129.

24. 'Coast Guard 2020', U.S. Coast Guard, U.S.A., May 1998, p. 11.

25. 'Coast Guard 2020', U.S. Coast Guard, U.S.A., May 1998, p. 12.

26. 'Enforcement of Laws and Treaties Program', Maritime Law Enforcement Manual, U.S. Coast Guard, U.S.A., February 1994, pp. 9-1.

27. 'Business Overview - Coast Guard Pacific Area', U.S. Coast Guard, U.S.A., January 1998, p. 8.

28. 'Business Overview - Coast Guard Pacific Area', U.S. Coast Guard, U.S.A., January 1998, p. 3.

29. 'Enforcement of Laws and Treaties Program', Maritime Law Enforcement Manual, U.S. Coast Guard, U.S.A., February 1994, pp. 1-3.

30. 'Streamlining Blunt the US Coast Guards Cutting Edge', Jane's Navy International Journal, U.S.A., Septembre 1999, p. 38.

31. 邊子光,「我國海洋雙法實施後之海域執法」,第六屆水上警察學術研討會論文集,水上警察學系,中央警察大學,中華民國 88 年 5 月,頁 99-108。

32. Anderson, M., Burton, D., Palmquist, M.S., Waton, J.M., 'The Deepwater Project - A Sea of Change for the U.S. Coast Guard', Naval Engineers Journal, U.S.A., May 1999, p. 126.

33. 'Streamlining Blunt the US Coast Guards Cutting Edge', Jane's Navy International Journal, U.S.A., Septembre 1999, p. 41.

34. 'Coast Guard 2020', U.S. Coast Guard, U.S.A., May 1998, p. 16.

35. 'Coast Guard 2020', U.S. Coast Guard, U.S.A., May 1998, pp. 19-20.

36. Truver, S.C. and Nelson, D., 'The Integrated Deepwater System : Rebuilding

the US Coast Guard', Warship Technology Journal, Royal Institution of Naval Architects, U.K., August 1999, p. 15.

37. 'Streamlining Blunt the US Coast Guards Cutting Edge', Jane's Navy International Journal, U.S.A., Septembre 1999, p. 40.

38. Truver, S.C. and Nelson, D., 'The Integrated Deepwater System : Rebuilding the US Coast Guard', Warship Technology Journal, Royal Institution of Naval Architects, U.K., August 1999, p. 16.

39. 李順德，「整體後勤支援原理及應用」，華泰書局，中華民國 86 年 1 月，頁 245-270。

40. 吳東明及江東興，「我國海岸巡防署海洋巡防總局船務管理作業的借鏡 ——美國海岸防衛隊邁向廿一世紀船艦工程管理願景」，第 1 期，第 32 卷，警學叢刊，中央警察大學，中華民國 90 年 7 月。

41. 'Business Overview - Coast Guard Pacific Area', U.S. Coast Guard, U.S.A., January 1998, pp 1.

42. 吳東明及歐凌嘉，「我國海岸巡防署組織功能的未來發展規畫啟示」，第 八屆水上警察學術研討會論文集，水上警察學系，中央警察大學，中華民 國 90 年 5 月，頁 16-17。

43. 吳東明及歐凌嘉，「我國海岸巡防署組織功能的未來發展規畫啟示」，第 八屆水上警察學術研討會論文集，水上警察學系，中央警察大學，中華民 國 90 年 5 月，頁 16。

44. 丁維新，「警察勤務新論（革新版）」，水上警察學系，中央警察大學， 中華民國 85 年 5 月，頁 475-508。

45. 吳東明及歐凌嘉，「我國海岸巡防署組織功能的未來發展規畫啟示」，第 八屆水上警察學術研討會論文集，水上警察學系，中央警察大學，中華民 國 90 年 5 月，頁 17。

46. 「海上執勤法規及解釋令函彙編——國家安全法及細則」，內政部警政署

水上警察局編印，中華民國 87 年 7 月。

47. 吳東明及歐凌嘉，「我國海岸巡防署組織功能的未來發展規畫啟示」，第八屆水上警察學術研討會論文集，水上警察學系，中央警察大學，中華民國 90 年 5 月，頁 17-18。

48. 吳東明等，「水上警察整體警艇購建研究計畫報告書」，內政部警政署水上警察局委託研究計畫，水上警察研究所，中央警察大學，中華民國 88 年 8 月，頁 42-47。

49. 吳東明，「船舶設計及檢驗技術在海勤登輪安檢作業的應用研究」，第 32 期，中央警察大學學報，警政研究所，中央警察大學，中華民國 87 年 3 月，頁 639-642。

50. 吳東明等，「水上警察整體警艇購建研究計畫報告書」，內政部警政署水上警察局委託研究計畫，水上警察研究所，中央警察大學，中華民國 88 年 8 月，頁 35。

51. 吳東明及歐凌嘉，「我國海岸巡防署組織功能的未來發展規畫啟示」，第八屆水上警察學術研討會論文集，水上警察學系，中央警察大學，中華民國 90 年 5 月，頁 21。

52. 吳東明及蔡崇謀，「我國海岸巡防署組織調整規劃之研究」，第八屆水上警察學術研討會論文集，水上警察學系，中央警察大學，中華民國 90 年 5 月，頁 29。

53. 'Streamlining Blunt the US Coast Guards Cutting Edge', Jane's Navy International Journal, U.S.A., Septembre 1999, p. 40.

第參章

印度實施專屬經濟海域監控的策略作為借鏡

摘要

依據西元一九七六年至一九七七年間，印度政府所制定的海域法 (Maritime Zones Act)，與西元一九八二年聯合國所制訂的國際海洋法公約 (The United Nation Convention on the Law of the Sea; UNCLOS 1982) 等兩大法案，正式賦予該國家一個相當寬廣遼闊的專屬經濟區 (Exclusive Economic Zone; EEZ) 水域。事實上，其亦使印度成為印度洋 (Indian Ocean) 週遭僅次於澳大利亞 (Australia) 及印度尼西亞 (Indonesia) 等兩國的第三大國，其概估擁有 220 萬平方公里，即涵括從印度西岸至東岸的 6,100 公里長的海岸線，及散佈於阿拉伯海 (Arabian Sea) 中的拉克夏威普 (Lakshadweep)，與孟加拉海灣 (Bay of Bengal) 中的阿達曼 (Andaman) 及諾可菝 (Nocobar) 等所管轄海域的大小島嶼與岩礁長達 1,400 公里長的海岸線。總括而言，其所涵蓋全部專屬經濟區海域面積約為印度領地總面積的三分之二大小之譜。在西元一九八二年十二月間，印度政府亦正式參與聯合國，簽署一九八二年國際海洋法公約，並且在西元一九九五年六月間正式遵循其第十一部份條文規定實踐

之。印度亦透過 9 個雙邊與 3 個三邊等對談協商會議，印度所屬海上邊界已與在五分之四對面海岸的鄰近國家，均達成明確界定。其海岸防衛隊的現有組織編制員額、海巡艦艇及航空器等配置現況，均有簡明扼要說明。並且對於海巡機關的越界非法捕漁執法及軍火毒品交易阻截等工作績效成果統計亦略作提示。另對於其海域監控科技發展趨勢，諸如無人空中載具應用及人造衛星科技設備研發等海巡科技應用展望亦見長足進境。再者我國專屬經濟區海域的監控科技發展規畫擇要說明，並且進行兩國海岸防衛隊的海域執法要素優劣比較分析，進而實施現況缺失探討、分析、結論及建議等。

一、前言

對於國家安全保障，天然資源管理 (Management of Natural Resources) 及海洋環境保護 (Preservation of Marine Environment) 等方面而言，任一國家均會特別重視是否能夠有效執行其專屬經濟區海域監控作業 (Maritime Surveillance)。至於其首要任務工作即是能夠迅速逮捕牽涉非法捕漁 (Illegal Fishing)、軍火及毒品交易 (Arms and Narcotics Trafficking) 等船舶與船員，藉以維持海上的法律與秩序。事實上，這是一個必需俱備大膽識的挑戰任務工作，即由於其區域特質因素，及印度海岸防衛隊與海軍等僅俱備有限的執法能力及應勤資源。在可預見未來，專屬經濟區海域的監控任務工作被臆測將是逐步增加其複雜程度，

因此積極應用嶄新與先進的尖端科技，及航空太空領域科技等關鍵層面均極為重要的。

　　由於在該區域內擁有大多數的島嶼與岩礁等地型，以致印度專屬經濟區海域的監控工作變得相當複雜，即是在拉克夏威普 (Lakshadweep)海域擁有 474 個島嶼與岩礁，及另位於阿達曼海 (Andaman Sea) 與諾可菈群島 (Nocobar Chains) 等區域擁有 723 個島嶼與岩礁等，如圖所示。事實上，由於這些島嶼與岩礁幾乎均是無人居住，因此在非法移民偷渡 (Illegal Migration) 及因為某種祕密因素，而非法使用陸地等問題，在此一海域監控任務工作變得格外困難重重。再者，自西元二○○四年

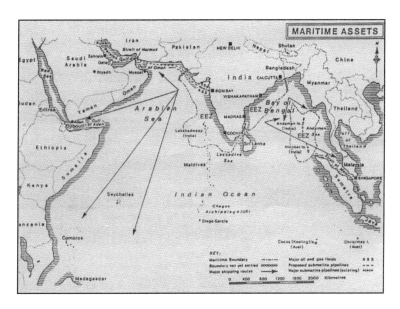

圖一　印度洋中的印度政府專屬經濟區海域分佈情形
（資料來源：Rahul Roy-Chaudhury, 2000.9.）

起，在印度洋中央水域中，印度預期將增加 150 萬平方公里大陸棚架礁層 (Rocks of Continental Shelf)，及可能獲得以創始投資者 (Pioneer Investor) 身分，開發 15 萬平方公里海床。並且此將提供印度一個前所未有十分廣大的海洋面積，必須執行海域監控任務工作。在本質上，可預見未來印度將面對較其國家領土陸地面積還大的水域，進行海上監控任務作業。

二、專屬經濟區水域的疆界宣告

雖然在正式協議與文件簽訂方面，尚未處理完善，只有印度的專屬經濟區水域已然被相當清楚界定。自從西元一九七〇年代初始，印度國家憑藉其精明靈活的外交談判技巧，終致其現今已與七分之五的沿海鄰近國家，順利劃定所有水域疆界 (Maritime Boundaries)。事實上，印度亦透過 9 個雙邊與 3 個三邊等對談協商會議，印度所屬海上邊界已與在五分之四對面海岸的鄰近國家，諸如印尼、馬爾地夫 (Maldives)、斯里蘭卡 (Sri Lanka) 及泰國 (Thailand) 等均達成明確界定，詳請參看表一所述。其中唯一例外，即是緬甸 (Myanmar)，必須透過另一個三邊協商方式，以決定其與印度及班達列斯 (Bangladesh) 等三方會合點設定的觀念，詳請列於表二。

無論如何，迄今印度尚未能夠與其他兩個鄰近國家，即是巴基斯坦 (Pakistan) 與班達列斯等，在附近海岸明確劃定海上邊界，其導因於一

個國際邊界線 (International Boundary Line) 的宣告爭議，及一個此區域
潛在緊張的事務情勢。

表一　印度在海域疆界宣告的雙邊協議內容依據

國家	簽署日期	協議內容	生效日期
1. 印尼	1974.08.08	有關介於兩國間大陸礁層界限的劃分。	1974.12.17
	1977.01.14	有關 1974 年介於兩國間在阿達曼海與印度洋的大陸礁層疆界劃分之延伸。	1977.08.15
2. 馬爾地夫	1976.12.28	在阿拉伯海上的海上疆界與相關事宜。	1978.06.08
3. 緬甸	1986.12.23	有關在阿達曼海、可可航道及孟加拉灣等海上疆界的劃分。	1987.12.14
4. 斯里蘭卡	1974.06.26-28	有關介於兩國間歷史水域的疆界與相關事宜。	1974.07.08
	1976.03.23	有關介於兩國間在曼那爾灣與孟加拉灣等的海上疆界與相關事宜。	1976.05.10
	1976.11.22	有關介於兩國間在曼那爾灣從第十三點延伸至位於印度、斯里蘭卡及馬爾地夫的三接點之海上疆界劃分補充協議。	1977.02.05
5. 泰國	1976.06.22	有關介於兩國間阿達曼海的海床界限劃分。	1978.12.15
	1993.10.27	有關介於兩國間阿達曼海從第七號點至位於印度、泰國及緬甸的三接點之海上疆界劃分。	1996.01.17

表二　印度在海域疆界宣告的三邊協議內容依據

國家	簽署日期	協議內容	生效日期
1. 斯里蘭卡與馬爾地夫	1976.07.24	有關介於三國間在曼那爾灣的三接點劃分。	1976.07.31
2. 印尼與泰國	1978.06.22	有關三接點劃分及介於三國間阿達曼海的相關疆界劃分。	1979.03.02
3. 緬甸與泰國	1993.10.27	有關介於印度、緬甸及泰國間阿達曼海的三接點劃分。	1995.05.24

三、海岸防衛隊組織現況

在西元一九七八年，印度成立其海岸防衛隊 (Indian Coast Guard)，即是因應海其海域法公布實施後，執行地區海事巡防任務的主要機構，正式賦予專屬經濟區海域監控，及維持海上法律與秩序等。雖然在特殊必要情況時，印度海軍亦會提供若干必要援助，但這些任務已不再是其優先法定任務。就以行政管理控制方面而言，印度海岸防衛隊是隸屬於國防部 (Ministry of Defence)，但所有預算經費卻是依據財政部 (Ministry of Finance) 歲入部門 (Department of Revenue)，來加以逐一編列支援。至於現今印度海岸防衛隊共計擁有 34 架航空器 (Aircraft)、35 艘巡邏艦及 24 艘攔截快艇 (Interceptor Boats) 等海巡執法設備。並且它總計有 5,165 名編制人員，其中涵括有 579 名官員、3,834 名船員，及 752 名文職人員等。

在其編制 34 架航空器中，擁有 17 架是多尼爾二二八一〇一

(Dornier Do-228-101) 型定翼航空器，是擔任在空中執行其專屬經濟區的特定海域監控任務。並且這些航空器被編成四個空巡飛行中隊 (Air Patrol Squadrons)，分別在印度東西兩岸間的達曼 (Daman)、伽娜伊 (Chennai)、卡庫塔 (Calcutta) 及布萊爾港 (Port Blair) 等四個地區設置航空偵巡基地。事實上，該多尼爾型定翼航空器的正常巡航速度約為每小時 200 浬，其可在一小時航程內到達印度專屬經濟區海域的外圍邊緣。並且其正常巡航距離大約為 940 浬，巡航高度 (Service Ceiling) 可達 28,000 呎。這些定翼航空器配載有馬瑞克 (Marec) 型/超馬瑞克 (Super Marec) 型搜索雷達 (Search Radars)、照相機及搜索用探照燈具 (Search Lights) 等，唯其機上無法攜載任何武器。事實上，僅有超過 12

圖二　印度海岸防衛隊國造多尼爾型定翼航空器搭載搜索雷達的海巡情形
（資料來源：Rahul Roy-Chaudhury, 2000.9.）

架航空器可供為實施全天候的兩邊岸際控制執勤，進而管制超過 200 萬平方公里的海域監控任務工作。由此可見，若以現有海域空巡設備能量，欲有效達成空巡海域監控 (Airborne Maritime Surveillance) 任務工作應是捉襟見肘的。

在實務作業上，這些航空器的主要缺點是當其被請求執行海域空巡任務時，欲順利達成海域執法工作是極為困難的。即使當其在專屬經濟區海域上，偵測到一個從事非法海上活動時，其亦無法迅速採取攔截、取締及逮捕 (Apprehension) 等執法任務作為。至於其最適因應策略即是其能提供迅速嫌疑目標船舶或拖網漁船 (Trawlers) 的座標位置、行進速度及航行方向等即時情資 (Real-time Intelligence)，並且立即透過海巡訊號傳輸系統，與就近岸巡總局地區巡防局，或海洋總局海巡隊等勤務指揮中心 (Mission Commanding and Coordination Centre) 聯繫，進而通知海巡線上巡邏艦艇或岸際巡防單位，以確實執行攔截、查緝及逮捕等非法行為。

印度海岸防衛隊的編制船型尺寸概括有從兩仟噸級大型離岸巡邏艦 (Offshore Patrol Vessels; OPV) 至小於五十噸級小型巡邏艇 (Patrol Boats) 等各式海巡艦艇。在前述各級編制艦艇中，其最大者為 3 艘印度自行建造薩馬級 (Samar Class) 兩仟噸離岸巡邏艦，其上可艦載一架旋翼直昇機 (Helicopters) 及若干應勤執法武器系統等。至於其第四艘亦即是最後一艘，將按其海巡發展計畫，逐步編列預算經費籌建之。另擁有 9 艘拜克馬級 (Vikram Class) 一仟兩百噸離岸巡邏艦是其他同等級任務

船型中唯一俱備艦載直昇機能力者。

圖三　印度海岸防衛隊國造伽塔型旋翼航空器準備實施海巡監視任務情形
（資料來源：Rahul Roy-Chaudhury, 2000.9.）

　　現今印度海岸防衛隊即使提昇其執勤操作能力達到最高層級，但
亦僅有四至六艘較大型離岸巡邏艦能於迫切任務需求條件下緊急出勤。
再者，這些大型離岸巡邏艦均被佈署在其東西兩海岸線與各島嶼等領海
區域間。在其最大巡航速度為 22.0 節下，可在 9 小時內抵達專屬經濟
海域的外圍邊緣。至於其船上艦載雷達的有效掃描半徑約為 30.0 浬，
亦限制其在海上執勤的有效執行區域監控範圍。事實上，其所能有效監
控海域面積，相較於印度整個專屬經濟區海域者，實為小巫見大巫。雖

然在擁有若干掃描重疊範圍距離內，計算各艦載雷達的有效涵蓋範圍 (Effective Radar Coverage)，預計至多需 12 艘大型離岸巡邏艦，方可全照鎖定監控專屬經濟區海域。

　　雖然在印度海岸防衛隊的一九九二年／一九九七年發展計畫中，預計籌獲 30 架航空器及 30 艘海巡艦艇等，但在其國家財政緊縮限制 (Acute Financial Constraints) 情形下，亦僅能獲准取得 13 架航空器及 9 艘海巡艦艇等，並且在該五年期間內能逐步編列預計經費籌建完成，加入其海域巡防執法服務。至於在其一九九七年／二○○二年的現今海岸防衛發展計畫中，其主要目標在於順利籌建 4 架航空器及 16 艘海巡艦船等，其中涵括有 2 艘先進大型離岸巡邏船艦 (Advanced Offshore Patrol Vessels; AOPV) 及 2 艘巡邏快艇等。無論如何，海岸防衛隊未必可以順利達成其所預計獲得的必需數量艦艇。

圖四　印度海岸防衛隊國造薩馬兩仟噸級近岸巡防艦的海巡情形
（資料來源：Rahul Roy-Chaudhury, 2000.9.）

圖五　印度海岸防衛隊國造拜克馬壹仟兩佰噸級近岸巡防艦的海巡情形
（資料來源：Rahul Roy-Chaudhury, 2000.9.）

　　顯而易見地，印度海岸防衛隊尚未擁有足夠或實質的執法應勤能量，以有效執行其專屬經濟區範圍的全面海上監控任務工作。無庸置疑一切均在意料之內，因此，其必須選擇在某些特定限制海域，以維持必要監控能量。因為該區域內存在有採取必要執法行動的治安犯罪傾向，諸如經常發生非法越區偷獵侵入 (Illegal Proaching)、秘密軍火槍械及煙毒藥品等非法走私交易情事。

圖六　印度海岸防衛隊國造凱拉蒂畢參佰噸級近岸巡防艦的海巡情形
（資料來源：Rahul Roy-Chaudhury, 2000.9.）

四、越界非法捕漁執法

由於印度的相關海洋地區法案，諸如西元一九八一年頒行的外國船舶捕漁規則 (Regulation of Fishing by Foreign Vessels)，明定禁止外國船舶在其領海水域 (Territorial Waters) 內從事漁撈作業，並且在一九九七年間，印度政府正式中止所有外國拖網漁船在其專屬經濟區海域內進行捕漁作業。無論如何，在基於有利益可圖的漁獲捕撈立場，及遭受低度偵察與逮捕的憂慮等因素考量，從鄰近國家越區而來的龐大數量漁船，在印度專屬經濟區水域內持續進行非法捕漁作業。近年來，有關印度海岸防衛隊所逮捕的拖網漁船及船員等數據資料顯示可知，實際上其所能呈現者，僅佔整個非法捕漁的船舶及船員總數的一個極小部份。自從西元一九七八年以來，計有總數 607 艘外國船舶及 6,492 名外國船員等，在印度專屬經濟區水域內被逮捕，其中超過一半數量是在西元一九九〇

年後所被逮捕,誠如從西元一九九八年十一月一日至一九九九年十一月
十五日為止,計有 40 艘外國拖網漁船及 261 名外國船員等,因其在印
度專屬經濟區水域內進行非法捕漁被逮捕。倘若以國籍來區分而言,該
非法捕漁被逮捕的外國船舶及船員的主要國籍以來自東南亞及東亞等國
家 (South-east and East Asian Countries) 為多。

表三　印度海岸防衛隊在專屬經濟區海域逮捕外國拖網漁船與船員數量

年份	外國拖網漁船 (單位:艘)	外國船員 (單位:人)
1. 1990 / 1991	7	108
2. 1991 / 1992	31	351
3. 1992 / 1993	56	550
4. 1993 / 1994	58	(500)
5. 1994 / 1995	42	559
6. 1995 / 1996	49	331
7. 1996 / 1997	25	184
8. 1997 / 1998	55	578
9. 1998 / 1999	21	188
總和	344	3,349

(來源:印度國防部 1990/1999 年報)

表四　印度海岸防衛隊在專屬經濟區海域逮捕外國拖網漁船數量

國家	1994 / 1995	1995 / 1996	1996 / 1997	總和	備註
1. 中國大陸	3	0	0	3	（單位：艘）
2. 印尼	3	3	1	7	
3. 馬來西亞	0	0	1	1	
4. 緬甸	0	8	3	11	
5. 巴基斯坦	3	6	2	11	
6. 斯里蘭卡	15	29	17	61	
7. 泰國	18	3	1	22	
總和	42	49	25	116	

（資料來源：印度國防部 1994/1997 年報）

表五　印度海岸防衛隊在專屬經濟區海域逮捕外國船員人數

國家	1994/1995	1995/1996	1996/1997	總和	備註
1. 中國大陸	67	0	0	67	（單位：人）
2. 印尼	18	8	3	29	
3. 緬甸	92	79	53	224	
4. 巴基斯坦	46	36	26	108	
5. 菲律賓	6	0	5	11	
6. 斯里蘭卡	54	149	88	291	
7. 台灣	0	0	1	1	
8. 泰　國	276	59	8	343	
總和	559	331	184	1,074	

（資料來源：印度國防部 1994/1997 年報）

五、軍火毒品交易阻截

對於一個國家的安全 (National Security) 而言，海上的非法軍火及毒品交易擁有相當指標性意涵，因此為印度海岸防衛隊所迫切關心的問題。事實上，該區域內不僅有世界最大的毒品產地——即是金半月形地區 (Golden Crescent)，其位於印度西邊海岸附近，並且有緬甸與泰國等兩個鄰近國家位於印度東邊的金三角地帶 (Golden Triangle)。由於前述若干地理上的連結關係，導致煙毒藥品與軍火槍械等非法流通情事更形猖獗加劇，諸如在阿拉伯海灣與孟加拉灣間的海路水道均為供應不法槍械軍火及煙毒藥品等，提供絕佳的天然管道。若此亦必然縱容培育如同致命雞尾酒般的國際毒品恐怖主義集團 (Lethal Cocktail of Narco-terrorism)。

在西元一九八〇年代位於印度西海岸外，經常性的非法軍火供應給位於阿富汗 (Afghanistan) 境內的穆加哈定 (Mujahedin) 軍隊，再行逐步轉賣至巴基斯坦，並且持續供給在印度邊境內窩藏於沿岸小船上的激進好戰份子。另在西元一九九三年間，發生於孟買的炸彈爆炸活動 (Bomb Champaign) 似乎相當活絡頻繁，後來該使用爆裂物亦被証實均從小船土卸運下來的。因此印度海岸防衛隊持續主動積極投入從西方海岸外來的走私防制行動 (Anti-smuggling Operation)——即是天鵝行動 (Operation Swan)。

至於在印度東邊海岸外，阿達曼海更是一個特別的非法槍械軍火

及煙毒藥品等走私交易的治安重點地區，其主要原因是利用阿達曼海與諾可菈群島中無人居住島嶼等地理環境，提供極為理想的天然屏障 (Natural Protection)。因此無庸置疑地，在西元一九九七年至一九九九年間，印度海岸防衛隊與印度海軍 (Indian Navy) 均在此區域內實施多次威力掃盪行動，諸如力緝 (Leech)、伽卡拉 (Chakra)、蒂哈馬克 (Dhamaka) 及布拉伯 (Poorab) 等肅清專案。諸如在西元一九九八年二月初的一次大規模阻截行動中，印度海岸防衛隊與印度海軍協同合作出擊，於阿達曼海附近離島上查扣數量龐大的窩藏非法軍火槍械，其中包括有 137 件各式槍械 (Assorted Arms) 與通訊器具 (Communication Sets)，及 4 萬發各式彈藥 (Ammunition) 等。

表六　印度海軍與海岸防衛隊在阿達曼海域逮捕軍火與毒品走私船隻數量

1997 / 1998	1998 / 1999	總和	備註
44	46	90	（單位：艘）

（資料來源：印度國防部 1997/1999 年報）

表七　印度海軍與海岸防衛隊在阿達曼海域逮捕軍火與毒品走私國籍人數

國家	1997 / 1998	1998 / 1999	總和	備註
1. 馬來西亞	10	16	26	（單位：人）
2. 緬甸	155	149	304	
3. 斯里蘭卡	110	101	211	
4. 泰國	45	12	57	
總和	320	278	598	

（資料來源：印度國防部 1997/1999 年報）

在西元一九九七年至一九九九年間，印度海岸防衛隊在此一水域所逮捕外國船舶，涉及非法軍火槍械與煙毒藥品等走私交易案件數量依然偏高，其中以緬甸及斯里蘭卡等國籍人士為主。但前述統計數據被確認僅能顯示，真正從事非法秘密交易活動的船舶及船員等總數之一小部份罷了。另在西元一九九七年三月間，泰國皇家海軍亦在阿達曼海水域截獲一批非法走私軍火槍械，其目的是供應武器給印度境內的好戰激進份子。諸如此類海上攔截不法行動明確顯示，其執法成效實有賴國際合作 (International Cooperation) 的海域監控、情資分享 (Intelligence Sharing) 及協調聯繫等。

六、海域監控科技發展趨勢

在根本上而言，海域監控的有效性程度端視於兩種關鍵功能——即是偵察 (Detection) 與辨識 (Identification) 等。一般而言，海域監控僅藉偵察功能尚顯不足。另當一艘船舶或拖網漁船被偵察到，緊接著進行有效辨識的工作是極其重要的，以便能在此同區域範圍內，清楚與其他船舶辨識區分出來。事實上，欲達到前述清楚辨識目標船舶時，其必需擁有滿足廣大海域範圍的掃描功能，能夠提供高解析度的影像訊號 (High Resolution Imagery Signals) 及近乎真時的資料傳輸 (Near Real-time Transmission) 等基本要求，並且該前述所有偵察辨識功能操作亦必須儘可能符合經濟效益 (Meet Cost-effective Requirements)。無論如

何，採用海巡艦艇及空巡飛機等設備措施是非常清楚不能全面滿足前述需求功能規範 (Criteria) 等。替代而起，在未來欲有效執行其專屬經濟區水域的海上監控作業之兩種可能因應選擇，即是在海上佈署無人飛行載具 (Unmanned Aerial Vehicles; UAVs) 及發射裝載特定設備的人造衛星 (Artificial Satellites) 等。

七、無人空中載具應用

　　無人飛行載具 (UAVs) 已逐漸為世界各國的武裝部隊所大量採用。在西元一九八二年以色列與黎巴嫩等兩國發生軍事衝突期間，以色列即有應用戰術無人飛行載具 (UAVs) 的成功案例經驗，尤其是能傳送真時情資訊息予戰場指揮官 (Battlefield Commander)，因此亦帶來有關無人飛行載具在各項應用科技上的一個再次蓬勃發展契機。另在西元一九九一年第一次波斯灣戰爭 (Gulf War I) 中，亦可看見其被小規模應用紀錄。自此即有部分科技先進國家積極從事無人飛行載具 (UAVs) 的研發和生產等工作。根據一項最新專業調查結果顯示，截自現今全世界計有 143 型各式無人飛行載具 (UAVs) 及高空遙控模型飛機等，分別隸屬於 13 個國家中的 53 個科技製造公司內正積極在進行其研發、製造及生產等作業。

　　在現今各式研製無人飛行載具 (UAVs) 當中，僅有德國西蒙士 (Seamos) 計畫是特別專為海上監控任務所設計者，並且由戴姆勒賓士

(Daimler-Benz) 航太公司內諸多海上安全事務專家綜合意見商討後所研製發展出來。該無人飛行載具 (UAV) 全長為 9.35 呎,配載最大翼展寬度 (Maximum Overall Span) 為 20.0 呎,扣除減推進器 (Booster) 後僅具 1,000 多公斤輕載重量,動力來源為一具艾利森二五〇二〇型 (Allison 250-C20W) 柴油引擎,並且其機上配載一具偵蒐雷達設備等。至於其空中巡航速度為每小時 100 多浬,最大飛行高度 (Maximum Altitude) 為 13,125 呎,並且其滯空續航時間約為 5.0 小時。無論如何,該無人空中載具的最大特色係其俱備機體垂直起降 (Vertical Take Off and Landing; VTOL) 功能,使其極為特異獨行,適合於海上航行船艦上逕行其自由起降作業 (Launch and Retrieval Actions)。

八、人造衛星科技設備研發

在太空軌道上運行的人造衛星可清楚提供一種,能以全面性與有效的方式,進行海上監控作業,縱使僅有少數科技先進國家擁有研究發展的關鍵技術及製造能力。早在西元一九五七年間,舊蘇聯國家 (Soviet Union) 發射全球第一顆司帕尼克 (Sputnik) 號人造衛星,直至今日已有數以千計枚的人造衛星被發射進入太空軌道中。至於現今民間商用的地球影像衛星 (Civil Earth Imaging Satellite) 在海域監控作業上亦擁有極為重要的應用效能。另地球表面有超過百分之七十面積為水所覆蓋著,為亙古不爭的事實。由於這般遠距感測功能 (Remote Sensing Capabilities)

裝置的研製成功，以致我們可藉由航空器來傳送所觀測到較早期的一般海面量測 (Surface Measurement) 數據資料，並且透過涵蓋範圍均勻一致性，可提供一連串可靠與反覆的量測數據資料等。實際上，該繞極衛星 (Polar-orbiting Satellites) 可被預測通過印度洋的頂端至底端，大約需要使用半小時的通過時間。

從民間商用人造衛星上所觀測得到重要高解析度影像訊號功能極其重要，諸如當其被要求以所必需影像解析度，來檢核其偵察及辨識海上船舶任務工作時。事實上，該民間商用人造衛星的影像訊號的解析度約近 1.0 公尺左右。根據一般實務經驗預估所得，欲在海上能清楚偵察到航行船舶影像，其所需訊號解析度約為 1.5 至 7.5 公尺左右。若為一般性影像辨識時，則其所需訊號解析度約為 4.5 公尺之譜。至於進一步作精確影像辨識 (Precise Identification) 時，其所需訊號解析度約為 0.6 公尺。若欲作物體形狀的描述時，則其所需訊號解析度應在 0.3 公尺以內。再進一步深入探討其影像技術分析部份 (Technical Analysis) 時，其所需訊號解析度將要求在 0.045 公尺以內。在實務應用上，現今民間商用人造衛星的訊號解析度均已俱備足夠為偵察及一般辨識海上航行船舶等影像。

近年來，印度特別重視發展衛星科技 (Satellite Technologies) 及發射系統 (Launcher System) 等並且也已持續多年。印度太空研究組織 (Indian Space Research Organisation; ISRO) 尤其是積極在此一領域投注相當研究發展心力。關於人造衛星研製方面，印度所自製遠距感

測 (Indian Remote Sensing; IRS) 衛星系列，在低空太陽同步軌道 (Low Earth Sun-synchronous Orbit) 上擁有相當傑出的科技表現。並且在西元一九九九年間，印度亦發射第一顆學術研究性質的海洋衛星 (Scientific Ocean Satellites)──即為海洋衛星一號 (Oceansat-1, IRS-P4)，設計發射送入接近繞極太陽同步軌道。至於該人造衛星有效載重量是專為海洋科學 (Oceanography) 及海洋氣象 (Ocean Meteorology) 等研究工作所設計者，唯其上未配載照相機具，以有效提供高解析度的監控影像訊號等是其缺失。

九、我國專屬經濟區海域監控發展

在一九九八年元月廿一日我國政府相繼公佈「中華民國領海及鄰接區法」及「中華民國專屬經濟區及大陸礁層法」等海域雙法，行政院海岸巡防署所巡邏海域範圍隨即延伸至兩百浬專屬經濟海域。現今海岸巡防署所屬設施與應勤裝備等能量概可分為海巡艦艇、空偵航空器及岸際監偵雷達等三大部份。師法美國海岸防衛隊的跨世紀「深水計畫」(Integrated DeepWater Project) 精實宗旨，我海岸巡防署亦規劃「七年中、長程巡防艦艇購建計畫」，預計自西元二○○一年起逐年編列總經費新臺幣 130 億元預算，以漸次汰換自財政部關稅總局所移撥的老舊大型緝私巡防艦。事實上，該大規模巡防艦艇購建計畫是我海岸巡防署成立以來所僅見，並且完全採國艦國造方式實施。預計至西元二○○八

年底，海岸巡防署轄下所擁有巡防艦艇數量可由現今艘，大幅擴增至202 艘，但在現今所轄 153 艘艦艇中，雖新建有自動扶正式救難艇，卻又兼用為一般巡邏艇，因此仍未備有特殊功能專責船艇。

因此在海巡署「七年中、長程巡防艦艇購建計畫」中，為強化遠洋巡防、深海近岸淺灘船難搜救及海洋溢油污染應變等任務功能，規劃籌建 16 艘自動扶正式救難艇 (Self-righting Life Boats)、4 艘消防拖帶船 (Fire-fighting and Towing Boats)、34 艘近岸穿水式螺槳快艇 (Coastal patrol Crafts with Surface-piercing Propellers) 及 2 艘兩仟噸級巡防艦 (Offshore Patrol Vessels) 等。其中消防拖帶船具有處理海上船筏消防滅火、限制水域船艇避碰操縱 (Anti-collision Manoeuvers in Restricted Waters)、大型船艦拖帶及海上溢油污染應變 (Marine Oil Spill Response)等功能。另近岸穿水式螺槳快艇 (Coastal Surface-piercing Crafts) 應用異於傳統深沒水螺槳的推進器功能，專責搶救於近岸淺灘的擱淺觸礁船艇，及查緝近岸淺灘河口處水域的海上丟包走私漁船筏具等。至於兩仟噸級巡防艦設置直昇機起降平台 (Helicopter Flight Deck)，強化遠洋續航能力及生活設施機能，以擴大東南沙海域的治安巡防 (Security Patrol) 及漁業巡護 (Fishery Protection) 等範圍，亦可供為小型巡防艇母艦及海域中繼前進指揮艦，延伸我國兩百浬專屬經濟海域的監控能量 (Surveillance Capabilities)。

為求有效提昇我國海域的三度空間海巡偵防能力 (Three-dimensional Maritime Patrol Capabilities)，計劃籌設可把握迅速滯空能

力的空中偵巡隊 (Air Patrol Squad)。但近程礙於預算經費不足及飛航員短缺等關鍵因素影響，在草創初期權宜由內政部警政署空中警察隊派遣支援勤務。由於該空中警察隊仍受限於自身繁重任務，並且機型是屬單引擎航空器，以致其所支援直昇機運載裝備性能均不適合海域偵巡勤務，又欠缺夜航海巡功能，實為海巡空偵工作的最大安全隱憂。因強化海巡空中監控功能迫在眉睫，我國海岸巡防署於西元二〇〇二年元月間，以委外租用民間直昇機方式，彌補空中偵巡任務不足窘境。旋由國內民營亞太航空公司所屬直昇機群，替補我警政署空中警察隊的空中支援勤務工作，以執行海上搜索 (Search)、救難 (Rescue) 及溢油污染防治 (Oil Spill Protection) 等任務。未來端視我國財政經費許可支援下，逐步建置海巡署專屬空中偵巡隊，並且結合現有岸海雷達監控 (Radar Surveillance) 及情資通訊傳輸 (Intelligence Communication) 系統設施，以有效構建完整陸、海及空等三度空間的綿密海域偵防體系。從而全面發揮海巡偵防能量，致使我國海岸區域執法漏洞縮小，進而延伸至專屬經濟區海域的全方位偵巡監控。近日，行政院所研擬建置未來空中載具力量，將朝向一元化規畫，期能在有限經費預算及資源共享理念下，充份發揮其最大海域空巡勤務效能。

另我海岸巡防署將規劃建構全島海岸監控系統，其設置重點在於強化遠距離監偵搜索能力及縮小監偵盲區範圍，並且整合岸巡岸際雷達、海巡隊所屬海巡艇船載雷達及機動海巡隊所屬海巡艦船載雷達等偵蒐系統，通訊指揮系統及船岸指揮管制通聯系統，以增強岸際與海域地區的

巡邏偵防機動能量。為力求提昇我海上搜索救助 (Search and Rescue) 及溢油污染防治 (Oil Spill Prevention) 等任務績效,整合有關海洋資訊、環境監測 (Environmental Monitoring)、海難搜救資源及船舶動態監控 (Vessel Dynamic Monitoring) 等資料庫系統,並且透過全球海事遇難及安全系統 (Global Maritime Distress and Safety System; GMDSS) 的國際海事通訊衛星及無線電通信等設備,以確實建立我海岸巡防署的救援船艇與岸基勤務指揮中心間之即時災難救護應變系統 (Real-time Disaster Response System)。目前我海岸巡防署業已設置「海巡一一八」緊急通報專線 (Emergency Reporting Hotline),以積極暢通海上災難資訊與通報作業流程,並且加強改善船基與岸基間資訊通聯功能與設備,以迅速傳輸海上與近岸區域 (Marine and Coastal Zone) 的遇險現場及災難處理等資訊。

十、結論與建議

歷經多番實務作業後,顯而易見印度專屬經濟區海域的監控任務為一項極為艱鉅及複雜的工作。對於獨一負責執行該項海域監控工作任務的行政機關而言,印度海岸防衛隊無法順利獲得必要的財政資源 (Financial Resources)、海巡艦艇、空偵飛機,或專業人力等政府支援,以有效執行該項法定任務工作。若展望未來海域監控的科技應用而言,面對廣大無垠的專屬經驗區海域,欲迅速有效實施偵巡監控作業,佈署

無人飛行載具與地球觀測衛星 (Earth Observation Satellites) 等應用科技裝備應是提供最適化作為策略，至今該理想目標仍有待印度海岸防衛隊積極努力耕耘。

我國造船工程技術較東南亞國家略顯優越，但相關造船週邊工業卻較先進科技國家為鬆散。另我國航空太空產業能力未臻成熟，相關海域監控的應用科技裝備自製能量明顯不足，致使無法有效精簡龐大岸際巡防編制人力員額，徒增政府人事費用成本。現今我海巡署海岸巡防總局所屬岸際雷達的有效監控距離約為 12 浬，空中偵巡能量嚴重欠缺，並且尚未獲得航太衛星產業有效支援，因此我國海域監控工作能量仍極待積極大力充實提振。至於現今海洋巡防總局仍延續早年警政署保七總隊的海巡警艇巡邏勤務方式，進行臺澎金馬週遭水域的海上犯罪偵防任務工作，尤以查緝走私偷渡為大宗，至於有關海洋環境保育、海上交通管理、海難搜索救助及溢油污染防治等法定任務工作，亦未見有效應用海巡科技設備及符合成本經濟效益等。

現今我國海巡相關科技能力尚嫌不足，諸如海巡艦艇機具儀器、航空器、偵防監控及指管通情等系統。至於人造衛星科技方面，我國仍處於初期自行研發階段，諸如中衛一號衛星迄今仍有若干系統訊號傳輸障礙尚待突破，還未能確實有效應用於海域偵防監控實務上。假若採爭租用國際衛星頻道方式，必須考慮其是否能提供即時正確清晰的影像訊號等問題，並且應該精算衛星頻道租用預算成本，事實上其所需花費不貲。至於其所產生相對海巡績效的投資報酬率為何，更應加以審慎分析

評估為宜。唯空中無人飛行載具設備可應用於例行性空中偵巡及蒐集海域情資等，適可認真考慮採用，以為全面實施空中偵巡作業的先期試用參考。

假若從世界地圖比例尺度來正視我國週遭有效管轄海域範圍，我海巡署必須有效偵防監控水域應不若印度寬廣深遠，因此應無迫切需要添購航空器設備資產，以實施固定空中偵巡勤務，至於有關海上緊急救難勤務部份，並非經常性頻繁任務，在國家資源共享原則下，應可彈性調遣空中警察隊機動支援為宜。另印度海岸防衛隊規劃其空中偵巡任務需求，以一小時限制內可到達其專屬經濟區海域邊界為基準。事實上，現今我海巡署轄下各級海巡艦艇大都俱備一小時限制內駛至有效管轄水域邊界——即領海、鄰接區乃至 40 浬之譜。並且就海域偵防監控效力而言，若能再配合岸際雷達及艦載雷達等有效偵蒐距離範圍，應是尚可順利勝任海巡任務。有關我中華民國海岸巡防署與印度海岸防衛隊的若干海域執法指標要素比較資料等，整理於表八。

至於再行增列預算經費，添購航空器設備資產，強化我海巡空中偵巡能量，應可再行深入考量研議，恐非當務之急。況且飛行駕駛、地勤維修人員及廠棚機具等所沿生相關費用均需龐大國家預算經費支援。倘若我國海巡署應用航空器執行空中偵巡任務，仍是無法直接有效達成海巡執法工作。因為其必須將可疑海上犯罪目標情資後傳勤務指揮中心，再透過勤指中心的指管通情系統，呼叫線上執勤海巡艦艇航駛至犯罪目標地點，方能順利完成登檢、蒐證、取締及逮捕等作業。

表八 我中華民國海岸巡防署與印度海岸防衛隊的若干海域執法指標要素比較

指標要素	我國海岸巡防署	印度海岸防衛隊	備註
1. 法定任務	海域犯罪偵防、海域秩序維持、海防安全維護、海洋環境保育、海難救助及海上交通等。	海域秩序維持、海防安全維護、海洋環境保育及天然資源管理等。	
2. 組織型態	獨立部會機關，其經費預算係自行編列提報。	隸屬國防部，其經費預算係由財政部編列。	
3. 編制人力	14,216 人（內含署部 340 人、洋局 1,992 人、岸局 3,592 人、兵員 8,292 人）	5,165 人（內含官員 579 人、船員 3,834 人、文職 752 人）	
4. 海巡科技設備	人造衛星 0 顆 航空器 0 架 海巡艦 13 艘 海巡艇 140 艘	人造衛星 IRS-P4 航空器 34 架 海巡艦 35 艘 海巡艇 24 艘	印度正積極研究開發採用人造衛星及無人空中飛行載具等海巡科技。
5. 海岸線長度	陸地海岸線 1,455 公里 島嶼環礁 150 公里	陸地海岸線 6,100 公里 島嶼環礁 1,400 公里	
6. 管轄水域範圍	約 15 萬平方公里（含內水、領海及鄰接區水域） 約 1,000 平方公里（禁限制水域）	220 萬平方公里 於二○○四年，將另再行增加 150 萬平方公里（大陸架）	印度透過 9 個雙邊及 3 個三邊等協商，大致定義出其海域邊界。
7. 海巡勤務規畫	以海上巡航為主 空中偵巡為輔	以空中偵巡為主 海上巡航為輔	

（資料來源：吳東明製，2003.8.）

現今我海巡署轄下各級海巡艦艇均配置船載雷達設備，各海巡隊部駐地亦建置無線電波收發系統，可透過其勤務指揮中心直接與線上海巡艦艇，進行即時正確的情資訊號通聯。至於各海巡隊所屬海巡艇均為百噸級以下船型，因此其船載雷達有效掃描監控範圍相對較小。倘若在海域監控勤務規畫方面略作調整，將各區機動海巡隊所屬百噸級以上較大型海巡艦，佈署於廿四浬鄰接區海域邊緣，藉其較大有效掃描監控範圍的艦載雷達設備，以確實彌補全面海域監控偵巡的若干空隙。

此外，我國海巡署正積極進行組織調整作業，雷屬推展岸海合一，共同打擊海上犯罪政策，亦可藉助各地區海岸巡防局現有建置岸際雷達及光電監偵等站台設施，實施我國近海水域及岸際陸域等的犯罪偵防監控作為。事實上，該岸際雷達及光電監偵等設備所獲得情資訊號即可傳輸至各岸巡地區局勤務指揮中心，再行透過總局勤指中心研析判讀及指管通情系統，將有效情資轉知各海巡隊線上海巡艦艇，以遂行攔截、取締及打擊海上犯罪任務。目前我國所屬各級岸際雷達及光電監偵等設施仍無法實施全區監控偵防作為，因此將來新設岸際監偵站台駐地應以設置於岸際治安重點或岸際雷達盲區等處為宜，藉以補償岸際雷達及光電監偵等設備的偵蒐功能限制，更可實收遏阻不法行為的成效。

有關海巡偵防情資佈建方面，應儘速配合警政署及漁業署等主管機關，建置刑事犯罪及漁船設籍等資料庫網路系統，進而籌設海巡犯罪偵防資料庫系統，以為岸巡漁港安全檢查參考。另有關進出我國水域的國際商用船舶部份，應可透過「東京備忘錄 (Tokyo Memorandum)」的區

域性港口國管制 (Port State Control; PSC) 之船舶資料庫網路系統，以有效管制進出我國水域的疑似次標準船，進而減低其造成我國海域環境污染及海難救助等事件的發生可能性。

至於在我國水域活動的各式船舶之動態監控管理方面，現今漁業署已開發出漁船動態監控系統 (Vessel Monitor System; VMS)，應可有效各漁船作業活動情形，避免發生遭受海盜侵襲及漁船喋血等不幸事件，以確實維護我國漁船海上作業的人命及財產安全。對於進出我海域的各式國際商用船舶方面，若為進出我國際海港者，各國際海港均建置有船舶交通管理系統 (Vessel Traffic management System; VTMS)，即可藉其無線通訊及監偵雷達等設施，實施有效的海上交通管理及動態監偵等作業。若屬途經我國海域，進行無害通過時，亦應遵循我國所公佈「分道航行制 (Traffic Separation Scheme; TSS)」路線，並且我海巡署即可藉助岸際雷達設施，實施船舶全程航跡監控作業，以預防其對我國水域環境所造成不當傷害。

有關我國海巡偵防勤務規畫及執勤方式等方面，擬建議 (1) 在日間時，應以光電監偵設施為主、岸際雷達為輔，進行十二浬領海的大範圍水域之初級偵防工作，並且配合海巡艦艇的船載雷達設施，進行小範圍的局部水域之詳細偵防作業，因此採行機動警網為主、巡邏警網為輔的執勤方式。(2) 在夜間時，應以岸際雷達為主、光電監偵設施為輔，進行十二浬領海的大範圍水域之初級偵防工作，並且配合海巡艦艇的船載雷達設施，進行小範圍的局部水域之詳細偵防作業，則採用巡邏警網為

主、機動警網為輔的執勤方式。無論如何,該海上可疑犯罪目標情資均能透過中繼式訊號傳輸系統,迅速遞送至勤務指揮中心,以便實施幕僚參謀研判作業,進而下達任務指令,調遣岸海巡人員,確實達成「查緝於海上、阻截於岸際及肅清於內陸」的終極目標。

參考文獻

1. 黃異，「國際海洋法——附錄：一九八二年聯合國海洋法公約」，渤海堂文化公約，中華民國八十六年三月，頁六六至一〇五。

2. Roy-Chaudhury, Rahul, 'The Surveillance of the Indian EEZ', Institute for Defense Studies and Analysis, India, Journal of Integrated Coastal Zone Management, Spring 2000, pp. 109-114

3. Qasim, S.Z., 'Glimpses of the Indian Ocean', 1998.

4. Forbes, Vivian Louis, 'The Maritime Boundaries of the Indian Ocean Region', 1995.

5. 'The Coast Guard', Coast Guard Headquarters, India, 1993.

6. 'Annual Reports 1996-97 (1997) to 1998-99 (1999)', Department of Ocean Development, India, 1999.

7. 'Annual Reports 1990-91 (1991) to 1998-99 (1999)', Ministry of Defense, India, 1999.

8. Roy-Chaudhury, Rahul., 'Sea Power and Indian Security', 1995.

9 Steinberg, Gerald M., 'Dual Use Aspects of Commercial High-Resolution Image Satellites', February 1998.

10. 'Applications of Satellite Remote Sensing over the Indian Ocean', Organisation for Indian Ocean Marine Affairs Cooperation (IOMAC), August 1991.

11. Muthunayagam, A.E., 'Satellite Oceanography', 1998.

12. 吳東明、黃宣凱，「邁向廿一世紀美國海岸防衛隊的精實計畫研析」，第八期，第卅六卷，海軍學術月刊，中華民國九十一年八月，頁卅二。

13. 朱慶文，「海巡署擬成七年購艦計畫」，聯合電子報，中華民國九十年三月。

14. 吳東明、陳坤宗，「能在惡劣天候執勤的海巡救難艇船型設計」，第四期，第卅六卷，海軍學術月刊，中華民國九十一年四月，頁廿六至卅三。

15. 羅守平等，「航行員晉升訓練叢書——船藝」，幼獅文化事業公司，中華民國七十五年六月，頁一一九至一廿一。

16. 吳東明、李松樵，「積極實踐海洋溢油事件的風險管理作為——必需應用一套綜合多領域學理知識的作業處理方法」，第九一二期，船舶與海運，中華民國九十一年十二月，頁七九至八八。

17. 吳東明及歐凌嘉等，「水警警艇整體購建計畫研究」，中央警察大學水上警察研究所，內政部警政署水上警察局委託研究計畫，中華民國八十八年八月，頁四二至四八。

18. 黃敦硯，「一一八海巡署報案電話啟用」，自由電子新聞網，中華民國九十年十一月。

19. 江福松，「建立我國漁船動態管理系統之芻議」，第卅輯，農業金融論叢，行政院農業委員會，中華民國九十年五月。

20. 盧水田等，「航行員晉升訓練叢書——船舶管理及安全」，幼獅文化事業公司，中華民國八十三年六月，頁一廿一至一廿七。

21. 吳東明、王需楓，「國際海事組織在港口國管制規定的現況發展研究」，第八六九期，船舶與海運，中華民國九十年十月，頁一三三至一四七。

22. 羅弘熙，「海岸巡防署海上交通安全管理執法實務規畫研析」，碩士論文，水上警察研究所，中央警察大學，中華民國九十二年六月，頁一〇一至一〇四。

23. 吳東明，「美國海岸防衛隊前瞻廿一世紀任務藍圖」，第九期，第卅五卷，海軍學術月刊，中華民國九十年九月，頁二七。

第肆章

美國海軍提亞哥斯級六〇型海洋調查研究作業船型設計介紹

摘要

　　美國海軍提亞哥斯級六〇型海洋調查研究作業船為現今美國海軍從事海洋科學研究調查工作的主要海上載具之一。首先僅就該特種船型的任務需求及設計性能等作一概括性敘述。隨後再依序將該設計船型的主要尺寸特徵數據資料、船型構造輪廓、輪機、甲板艤裝、住艙艤裝及任務應用電子系統艤裝等方面的設計構想略加說明。並且特別將該海洋調查研究作業船型設計中的精要部份，諸如輪機電力供應及推進系統、任務用途的甲板機械系統、船上一般佈置及住艙設計、任務用途的電子裝備系統等項目，作一簡明概括性描述。最終期望透過該特種任務船型的任務敘述及設計性能等相關文件資料之詳實說明，有助於政府各部門技術行政人員有所瞭解認識，提昇海洋科技主管人士應有專業素養，及提供處理相關海洋事務作業時有所參考。

一、前言

美國海軍海上系統指揮部 (The Naval Sea Systems Command) 支援艦、船及快艇專案計畫作業處 (Support Ships, Boats, and Craft Program Office, PMS325) 已備妥，該提亞哥斯級六〇型 (T-AGS 60) 海洋調查研究作業船 (Oceanographic Survey Ships) 的任務敘述及設計性能等相關文件資料，以為政府各部門技術行政人員有所教育認識，及提供處理相關海洋事務作業時參考。

第一批的兩艘 T-AGS 60 海洋調查研究作業船的細部設計 (Detail Design) 及新船建造等工程合約於 1991 年 1 月 30 日，已由設址於密士西比卅、摩斯點市的霍爾特海洋事業公司 (Halter Marine, Inc., Moss Point, MS) 得標。另該新船建造工程合約尚包括第三艘船選擇性新造合約亦於 1992 年 5 月 29 日完成開標作業。至於第四艘的另案個別新船建造工程合約亦於 1994 年 10 月 20 日再由霍爾特海洋事業公司 (Halter Marine, Inc,) 公司得標，並且該工程合約尚包括另兩艘額外增加建造新船的選擇性考量。基本上，T-AGS 60 海洋調查研究作業船是兼俱多目標用途任務的海洋調查研究船型，兼備有效執行滿足廣闊範圍海洋科學研究要求 (Oceanographic Requirements) 的任務能量。

T-AGS 60 海洋調查研究作業船的設計及建造等工程作業均依據商用鋼船建造規範為基準，並且遵循美國驗船協會 (American Bureau of Shipping; ABS)、美國海岸防衛隊 (United States Coast Guard; USCG)

及其他權責機關等，對於非限制海洋水域服務用途船舶的相關法規要求。該研究船應海軍海洋研究學者 (Oceanographer of the Navy) 所需，至於該船駕駛及操作等事務則由海軍救難支援指揮部 (Military Sealift Command; MSC) 所提供的民間船員水手來執行。關於執行海洋研究任務的科學家及技術師等專業人員均由海軍海洋研究作業處 (Naval Oceanographic Office; NAVOCEANO) 統籌支援。

第一批籌建的三艘 T-AGS 60 海洋調查研究作業船等均為紀念先前調查作業船，而被正式命名下水服役。T-AGS 60 船型的第一艘新船被命名為美國海軍艦艇 (United States Naval Ship; USNS) 探索者號 (PATHFINDER)，是為紀念先前在 1942 - 1946 年間第二次世界大戰 (World War II; WWII) 太平洋戰場中贏得兩顆戰星勳榮的亞哥斯級一型 (AGS1) 探索者號船而得名。提亞哥斯級六一型 (T-AGS 61) 海洋調查研究作業船被命名為美國海軍艦艇舒瑪奈號 (USNS SUMNER)，為紀念亞哥斯級五型 (AGS5) 原舒瑪奈號 (SUMNER) 船，並且亦曾於在二次世界大戰中贏得三顆戰星殊榮，而以當時該艦艦長湯瑪士赫伯德舒瑪奈上校 (Captain Thomas Hubbard Sumner) 姓氏來命名 (1807 - 1876 年)。第三艘提亞哥斯級六二型 (T-AGS 62) 船被命名為美國海軍艦艇鮑迪屈號 (USNS BOWDITCH) 是為紀念先前兩艘服役的亞哥級三○型 (AG 30) 及提亞哥斯級廿一型 (T-AGS 21) 等海洋調查研究作業船，取其曾以美國天文家及航海家奈瑟尼爾鮑迪屈先生 (Nathaniel Bowditch) 姓氏為名 (1773 - 1838 年)。至於第四艘 T-AGS 60 海洋調查研究作業船，

即提亞哥斯級六三型 (T-AGS 63) 船被命名美國海軍艦艇漢森號 (USNS HENSON)，其為紀念先前一位美國黑人航海探險家馬修漢森先生 (Matthew A. Henson) 而得名，其於 1909 年與羅伯特培利先生 (Robert E. Peary) 共同發現北極 (North Pole)。

二、任務需求及船型設計說明

美國海軍提亞哥斯級六〇型 (T-AGS 60) 海洋調查研究作業船的設計與建造，是為了提供在沿岸及深洋等 (In Coastal and Deep Ocean Areas) 範圍內多目標用途的海洋調查研究作業能量 (Multi-purpose Oceanographic Capabilities)。並且其海洋調查研究工作內容概涵括有 (1) 海洋物理、海洋化學及海洋生物學 (Biological Oceanography)。(2) 多目標原則環境偵查。(3) 海洋工程 (Ocean Engineering) 及海洋音響學 (Marine Acoustics)。(4) 海洋地質學 (Marine Geology) 及海洋地質物理學 (Geophysics)。(5) 深海探測學、重力學及地磁力學等相關研究調查 (Bathymetric, Gravimetric, and Magnetometric Surveying)。

此外，T-AGS 60 海洋調查研究作業船的典型基本任務項目，概略包含有 (1) 支援深洋及沿岸水域的海洋表面、深海及海洋底部等樣本與海洋研究參數資料之調查及蒐集作業。(2) 負責有人繫纜及無人獨立等操作的海洋科學研究套組設備之施放、回收及拖帶等作業，並且包括有水下遙控作業載具 (Remotely Operated Vehicles; ROVs) 的處理、監視及

執勤等作業。(3) 在船上進行海洋調查研究的資料處理 (Dataprocessing) 及樣本分析 (Sample Analysis)。(4) 支援深洋及沿岸水域的海洋調查研究所需之精確航海、航跡操縱 (Trackline Manoeuvring) 及船位穩定保持功能 (Station Keeping Capability) 等作業。圖一為 T-AGS 60 海洋調查研究作業船的海上執勤情形。

圖一　海洋調查研究作業船的海上執勤情形

　　有關 T-AGS 60 海洋調查研究作業船型設計的主要尺寸特徵數據資料等，概括有船長、船寬、滿載吃水、滿載排水量 (Displacement in Full Load Condition)、輕船排水量、巡邏航速、船位保持性能、續航力 (Endurance)、柴電電力供應系統 (Diesel/electric Power System)、電動馬

表一　美國海軍提亞哥斯級六○型海洋調查研究作業船型設計的主要尺寸特徵數據資料

船型主要尺寸資料項目	主要設計參考數據	備註
1. 全長 (LOA)	329.0 呎	1.0 呎＝0.3048 公尺
2. 模寬 (MB)	58.0 呎	
3. 滿載吃水	19.0 呎	
4. 滿載排水量	5,000 長噸	1.0 長噸＝1.01605 公噸
5. 輕船排水量	3,019 長噸	
6. 航速（在持續巡邏狀態下）	16.0 節	1.0 節＝1.862 公里/時
7. 位置保持性能	在半徑 300 呎範圍內。	在 2 節洋流速度及27節風速等情況下。
8. 續航力	12,000 浬（在航速 12 節情況下）加上 29 天（在航速3 節情況下）及 10% 燃油預備存量。	
9. 柴油引擎驅動發電系統	8,520 千瓦，600 伏特，交流電。	
10. 電動馬達推進系統	兩部 Z 型驅動系統，8,000馬力。	
11. 艏推力器	可收放式，1,500 馬力。	
12. 破冰強度	ABS / C 級	美國驗船協會鋼船建造規範基準。
13. 船級相關證書文件	USCG 簽證及 ABS 船級	美國海岸防衛隊及美國驗船協會等簽證認可。
14. 住艙總數量	55 員	有 15 間單人房及20間雙人房等。
(1) 官長及船員等	25 員	均備有單人房及雙人房等。
(2) 科學研究人員等	27 員	均備有單人房及雙人房等。
(3) 預備住艙等	3 員	

達推進系統、艏推力器 (Bow Thruster)、結構強度、船級認証及住艙規畫，整理如下表。並且該海洋調查研究作業船型設計的艏艉向視圖樣，如圖二所示。

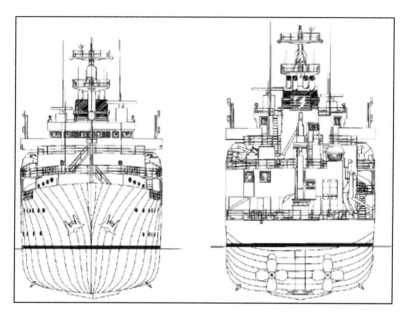

圖二　海洋調查研究作業船型設計的艏艉向視圖樣

三、輪機電力供應及推進系統

T-AGS 60 海洋調查研究作業船的推進動力系統設計邏輯，是採用一個共同匯流排 (Common Bus) 線路整合的柴油引擎電動馬達推進系統 (Diesel Electric Propulsion System)。並且該柴電推進系統是透過 Z 型動

力傳輸驅動系統 (Z-drives)，以帶動兩個同型螺旋推進器 (Twin Screw Propeller)，對水流作功產生反作用力，來達成船舶推進航海效能。該 Z 型動力傳輸驅動系統也已安裝於數艘後續新造及改裝的海洋調查研究作業船上，其系統中涵括有減速齒輪 (Reduction Gears) 及可進行 360 度船舶推力方向控制 (Thrust Direction Control) 等功能，將前述設備整裝成一個堅實牢固器具。亦即正由於可透過一個輕巧組件組成，以直接進行船舶操縱控制，確可減少傳統式的減速齒輪及過長推進軸系等動力傳輸設備所佔空間，藉以增加船上可供海洋調查研究作業所需使用空間。

事實上，船舶推力作用方向性控制的完美性能表現，可適時適切提供非平行性的船舶控制及操縱等能力，藉以確認船舶具備有精確船位保持 (Precise Position Keeping) 及航跡線追蹤 (Trackline Following) 等可容許功能。該船航速設計可從起動直至最高航速範圍內，均能維持以連續可變式航速控制 (Continuous Variable Speed Control) 作動，並且該動力系統機器裝置為無人當值守望作業 (Unattended Operations) 方式設計。另該整合的電動馬達推進及輔機等系統是由設計佈置於主甲板下第一層平台的機艙控制室 (Machinery Control Station; MCS)，來直接進行柴電推進動力系統的控制及監視等作業。

該發電系統設計以最大應用彈性概念為基礎，並且由兩台 2,435 仟瓦 (KW) 及兩台 1,825 仟瓦 (KW) 等柴油引擎發電機 (Diesel Generators) 為主體，透過電力負載調節器 (Power Conditioner)，以併聯整合方式 (Parallel-connection Type) 提供電動馬達推進系統、船舶服勤運作及海

洋研究實驗室等所需的充足電量。另設計裝置一台輕便可移動甲板裝載式發電機 (Portable Deck Mounted Generator)，經由主甲板供電連接器 (Main Deck Connector) 亦能夠提供船舶服勤所需電力，以有效配合執行海洋研究作業所需的船舶靜音作業 (Quiet Ship Operations)。圖三為海洋調查研究作業船型的柴油引擎電動馬達推進系統的設計圖樣。

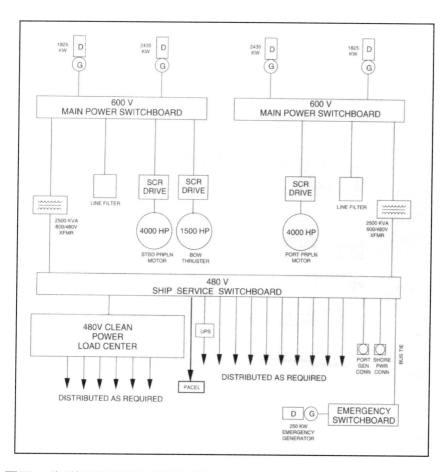

圖三　海洋調查研究作業船型的柴油引擎電動馬達推進系統設計圖樣

四、任務需求的甲板機械系統

　　該海洋調查研究作業船型設計擁有 3,500 平方呎的工作甲板 (Working Deck) 空間，可提供為多項海洋調查研究工作活動的同時需求應用。並且該海洋研究作業船上設計配置的甲板裝卸作業機具 (Deck handling Gears; Deck Machineries) 系統俱備有足夠舷外操控作業 (Overside Operations) 能量等，諸如包括可在右舷側從船艏至船艉等範圍內，進行海洋調查研究儀器裝備的搬運、下放及回收 (Launching and Recovering) 等作業。

　　T-AGS 60 海洋調查研究作業船的甲板作業機械系統被設計裝置，共計備有三台多功能用途起重機 (Multi-purpose Cranes)，一台關節式小艇吊架 (Articulated Davit)，各一台舷側及船艉 U 型框架 (Side and Stern U-Frames)，及五種不同型式絞機 (Winches) 等設備，以期有效提供達成海洋調查研究的規畫任務及必要實驗等輔助作業功能。至於前述所提及各種功能的甲板作業機具設備等，簡述如下：

(一)多功能用途起重機

1. 伸縮式吊桿起重機　　一台 (Allied Marine TB 80-80)
2. 摺疊式吊桿起重機　　一台 (HIAB 180 Sea Crane)
3. 拖曳式起重機　　　　一台 (Appleton Marine KEB50-35)

(二)小艇吊架及 U 型框架

1. 關節式小艇吊架 　一台 (Fritz Culver FCAD-4120)
2. 船艉 U 型框架 　　一台 (Fritz Culver FCDB-151Z0)
3. 舷側 U 型框架 　　一台 (Fritz Culver FCDB-1096)

(三)絞機

1. 拖曳/牽引絞機系統 　一套 (Dynacon TWS 30600-DSW-SSW-HC)
2. CTD/水文研究絞機 　兩台 (Dynacon 11040)
3. 通用絞機 　　　　　一台 (Dynacon 9840LW-RC)
4. 磁力計拖放絞機 　　一台 (Dynacon 1001045)
5. 水下放流設備絞機 　兩台 (Dynacon 20002-ELSS)

五、船上一般佈置及住艙設計

　　T-AGS 60 海洋調查研究作業船的主甲板上下艙間設計，依據其個別特定功能用途概可區分為航海、工程／船機、研究任務，及住艙與船員活動空間等四大部份。至於船上艙區空間的一般佈置及住艙規畫等設計構想，詳實分項敘述如後，以為相關海洋事務作業人士有所認識參考。

(一)一般佈置

1. 衛星通信天線 (Satcom Antenna) 及雷達裝備裝設於主甲板上第五

層 (05 Level) 艙區。

2. 主甲板上第四層 (04 Level) 艙區為本船上的主要航海駕駛艙區設計位置，概包括有駕駛室 (Pilot House)、鄰接海圖室、無線電報務房及安全管制室 (Security Room) 等。

3. 主甲板上第三層 (03 Level) 艙區設置有一台伸縮式吊桿起重機 (Telescoping Boom Crane) 可被操控，以移動其他船載設備支援海洋調查作業，請參看圖四所示。

4. 一艘工作船及兩艘可供各乘坐 60 人的救生艇／救助艇 (Lifeboat/ Rescue Boats) 被分別配置於主甲板上第二層 (02 Level) 艙區左右兩舷，並且在該層艙區亦裝置有直昇機起降區 (Helicopter Hover Area)、醫護

圖四　主甲板上第三層艙區設置有一台伸縮式吊桿起重機

室、資深官員起居室及辦公室等。

5. 主甲板上第一層 (01 Level) 艙區的大部份空間均設計供作人員住艙應用，並且該空間規畫概涵括有官長及任務所需人員的起居室，官長及水手船員等兩級餐廳與休閒室設備，及廚房設施等。另於該層艙區的船艉段部份設置有緊急發電機 (Emergency Generator)、甲板辦公室 (Deck Office) 及水文研究專用絞機 (Hydrographic Winches) 等設施。

6. 主甲板 (Main Deck) 艙區規畫包括有大部份任務工作處理裝備 (Mission Handling Equipment)、額外住艙設施及 4,000 平方呎實驗室作業專用區 (Laboratory Complex) 等。並且該實驗室專用區概略涵括有主要實驗室、臨時性隔間 (Staging Bay)、濕性實驗室、乾性及生物化學實驗室 (Biochemical Laboratory)、暗房 (Dark Room)、氣候控制室 (Climate Controlled Chamber)、鹽液密度實驗室 (Salinometer Laboratory)、調查研究用冷凍庫 (Survey Freezer)、電子技術人員 (Electronic Technician; ET) 工作室及繪圖室 (Drafting Room) 等。另配置有四座 20 呎長標準貨物車篷 (ISO Standard Vans) 於船艉的工作甲板 (Working Deck) 處，並規畫有直接進入船舶內部艙的通道。標準貨物車篷可被供為 SUS 系統補充料件貯藏 (Charge Storage)，支援船舶靜音發電機 (Quiet Ship Generator) 系統，額外實驗室空間，或住艙設施等應用，詳請參看圖五所示。

7. 主甲板下第一層平台 (First Platform) 艙區的設計為供海軍救難支援指揮部 (MSC) 水手船員的生活起居使用艙間，並且亦包含有推進馬

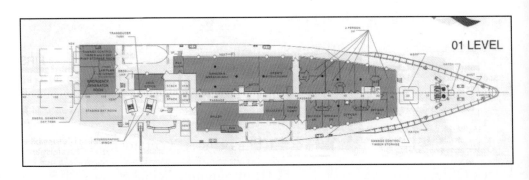

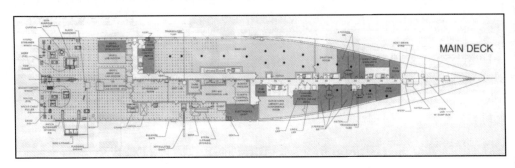

圖五　主甲板上第一層及主甲板艙區規畫

達機房 (Propulsion Motor Room)、機艙控制室 (Machinery Control Station)，及支援輔機與電機電力工作間等。

8. 主甲板下第二層平台 (Second Platform) 艙區的主要部份設置為發電機房 (Generator Room)，其餘艙區空間則供作為貯藏船上任務所需零組件設備等，詳請參看圖六所示。

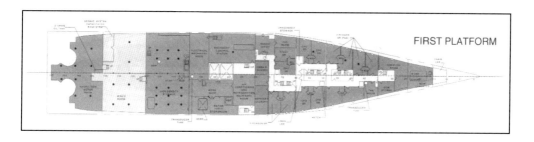

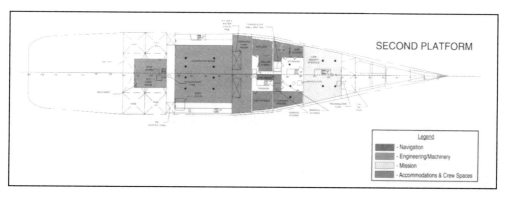

圖六　主甲板下第一層平台及第二層平台艙區規畫

(二)住艙設計

1. T-AGS 60 海洋調查研究作業船設計擁有可供 55 人居住的永久住艙設施 (Permanent Accommodations)，其中包括有 15 間單人房及 20 間雙人房 (Double Staterooms)。有關船上單人房及雙人房等住艙室裝設計圖樣，如圖七所示。船上正式編制人員數量為 52 人，其中正常涵括有 25 名船上官長及水手船員，27 名科學家或技術人員等。另除船上預留三個永久住艙設備外，尚配置有輕便可移動式的甲板載貨車篷

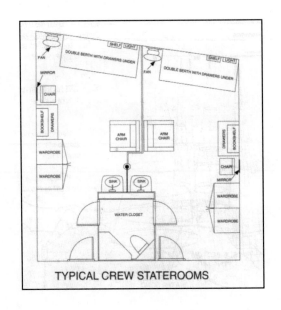

TYPICAL CREW STATEROOMS

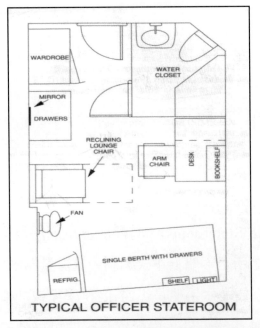

TYPICAL OFFICER STATEROOM

圖七　船上單人房及雙人房等住艙室裝設計圖樣

(Portable Deck Vans) 設備，以提供五人用的額外住艙設施 (Additional Accommodations)。

2. 其他場所尚涵括獨立官長及水手船員等級的餐廳、休息室及洗衣房裝備，健身房 (Exercise Room)、醫務室，調查研究人員的圖書館及會議室區 (Conference Area) 等。

六、任務需求的電子裝備系統

T-AGS 60 海洋調查研究作業船上所配置的海洋研究任務應用電子裝備系統設計等十八項，概涵括有 (1) 多條束回音探測系統。(2) 深／淺海回音探測系統。(3) 海底層輪廓掃描儀。(4) 地震探測系統。(5) 都卜勒音響洋流輪廓掃描儀。(6) 消耗性感應器次系統。(7) 磁力探測儀。(8) 傳導性、溫度及深度探測系統。(9) 海水採樣次系統。(10) 海底訊號詢答航海系統。(11) 音響釋放系統。(12) ISS-60 應用軟體系統。(13) 航海星全球船位系統。(14) 氣象監視系統。(15) 船上標準時間供配系統。(16) 海洋表面溫度及聲音速度探測系統。(17) 環狀雷射電羅經。(18) 船舶動態定位系統等。有關該海洋調查研究作業船上所配置的海上任務應用電子裝備系統設計等功能作動邏輯，如圖八所示。

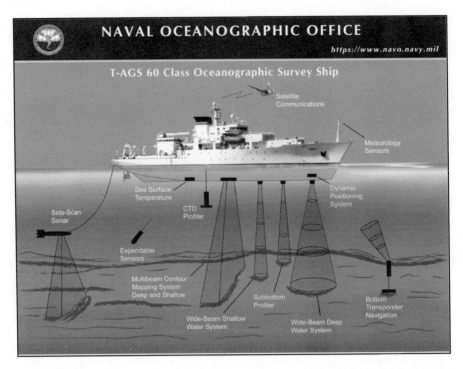

圖八　海洋調查研究作業船上所配置的海上任務應用電子裝備系統功能作動邏輯

　　至於該海洋研究作業船上所設計配置十八項任務應用電子裝備系統的功能等，詳細分項說明如下：

1. 多條束回音探測系統 (Multi-beam Echo Sounding System; SIMRAD Inc. EM121A)：為一種可同時發射 121 條 12 千赫 (KHZ) 電磁波束的一度空間海深測量聲納系統。其探測功能具備有可從水深 10 公尺直至 11,000 公尺範圍內，直接繪製顯示航道水文圖樣能量，並且可即時進行船舶縱移 (Pitch)、橫搖 (Roll)、起伏 (Heave)

及全方位平擺 (Azimuth) 等運動反應量的影響修正。

2. 深／淺海回音探測系統 (Deep/Shallow Water Echo Sounder System; ODEC BATHY-2000)：為一種俱備發射 12/33 千赫 (KHZ) 電磁波聲納系統，可提供測量海洋深度達至 12,000 公尺的單波束量測數據資料，藉以便核對多條電磁波束聲納系統的中心波束量測數據資料精度。

3. 海底層輪廓掃描儀 (Sub-bottom Profiler; ODEC BATHY-2000)：為一部俱備發射 3.5 千赫 (KHZ) 寬條波束的淺層穿透系統 (Shallow Penetration System)，其應用功能包括可在水深至 10,000 公尺範圍內探測確認尤其是有關於地形特徵侵蝕的岩石外在結構的海床型態 (Sea Bed Morphology) 及沉澱層輪廓 (Sediment Profiles) 等至 50 公尺深度，並且亦可補償修正船舶運動反應因素所造成的探測誤差。

4. 地震探測系統 (Seismic System; DWS International Inc.)：是一種深穿透力的海底層輪廓探測系統 (Sub-bottom Profiling System)，其俱備從一個拖曳聲音波動發射器 (Towed Sound Projector) 上產生及接收音響波動脈衝，並且藉以描繪海底地質岩層組織結構。至於該系統設備的其他應用功能尚包括有海洋地質學 (Marine Geology)、地球物理學 (Geophysics)、地形測量學 (Topography) 及深海探測調查 (Bathymetry Surveys) 等。

5. 都卜勒音響洋流輪廓掃描儀 (Acoustic Doppler Current Profiler ADCP; RD Instruments VM-0150)：為一套俱備發射 150 千赫

(KHZ) 電磁波束系統，其系統功可提供深度達到 380 公尺的海面下洋流速度及流向，和從前述海深位置、海底深度及船舶對地真實速度等水位面所反向散射的回音訊號位準 (Backscatter Echo Level) 等垂直輪廓圖樣。

6. 消耗性感應器次系統 (Expendable Sensor Subsystem; Sippican)：可施放及監視包括消耗性深海溫度記錄器 (Expendable Bathy Thermograph; XBT) 及消耗性音速輪廓掃描器 (Expendable Sound Velocity Profiler; XSV) 等多種訊號感應器。並且該系統可有效支援多目標功能用途的海洋科學研究調查作業 (Multi-purpose Oceanography Surveys) 及可提供聲納系統經由水柱層面影響的聲音速度修正等。

7. 磁力探測儀 (Magnetometer; EG & G G811/813)：可應用磁力學理論來繪製地球磁場 (Earth's Magnetic Field) 分佈圖樣。

8. 傳導性、溫度及深度探測系統 (Conductivity, Temperature Depth System CTD; Falmouth ICTD)：可提供在水深達 7,000 公尺範圍內，相對於海洋深度的海水傳導性及溫度等全部輪廓描繪圖樣，並且有效支援大部份海洋科學調查作業。

9. 海水採樣次系統 (Water Sampler Subsystem; General Oceanic)：在海洋深度達至 7,000 公尺範圍內，可配合操作應用傳導性、溫度及深度探測系統 (CTD)，以進行採集海水樣本作業。至於其所應用器材設備等，概括有花格飾狀採樣器具 (Rosette Sampler)、鈮質表

層樣本蒐集瓶 (Niskin Bottles) 及一個吉爾德林恩波塔莎爾八四一〇型 (Guildline Portasal 8410) 鹽度測量計 (Salinometer) 等。

10. 海底訊號詢答航海系統 (Bottom Transponder Navigation System; Benthos Ins. DS-7000-16)：是一個發射 5.0 至 50.0 千赫 (KHZ) 電磁波束的真時航海系統，其系統功能在於配合應用該固定式深海音響發射器 (Fixed Acoustic Deep Ocean Pinger; Datasonic BFP-312) 的詢答網路系統 (Transponder Network) 來確定船舶的實際位置。

11. 音響釋放系統 (Acoustic Release System; EG&G 8011A)：可提供深海音響發射器的啟動、諮詢、釋放及安裝等作動步驟的指揮及管制訊號。

12. ISS-60 應用軟體系統 (ISS-60 Software; SAIC)：應用各航海、多波束回音探測器 (Multi-beam Echosounder) 及真時環境訊號感應器 (Real-time Environmental Sensors) 等，以進行多樣化海洋科學研究資料的蒐集、儲存及處理等作業。並且該系統功能可提供安全網路的連結，及從中央電腦次系統至整合航海系統 (Integrated Navigation System)、真時環境次系統 (Real-time Environmental Subsystem)、局部區域網路次系統 (Local Area Network Subsystem)、測試及開發次系統 (Test and Development Subsystem) 及其週邊次系統等的一般性資料預報。至於該所謂週邊次系統概有海軍海洋研究作業處 (NAVOCEANO) 的船載海洋科學研究網路資料環境 (Shipboard Oceanographic Networked Data

Environment; SONDE) 及都卜勒音響洋流輪廓掃描器 (Acoustic Doppler Current Profiler; ADCP) 等。另該 ISS-60 航海應用軟體系統套組的網路整合化設計將提供船舶動態定位系統 (Dynamic Positioning System; DPS) 及航海資料蒐集次系統 (Navigation Data Collection Subsystem) 等所需航海資料，並且提供其主要及週邊等系統的調查研究工作計畫能量。

13. 航海星全球船位系統 (NAVSTAR Global Positioning System; Rockwell Collins AN/WRN-6 (V) 1)：為一套全球性衛星通訊為基礎的無線電航海系統 (Worldwide Satellite Based Radio Navigation System)，其主要功能是可在三度空間座標系統中獲得航海學及測地學上的船舶位置及航行速度等數據資料。

14. 氣象監視系統 (Weather Monitoring System; Coastal Climate Weatherpac 500)：可提供輸入至任務航海系統所需的專用溫度、相對濕度、風速與風向及大氣壓力 (Barometric Pressure) 等數據資料。

15. 船上標準時間供配系統 (Time Distribution System; DGM Electronics)：可提供船上所有對時間有重要需求系統 (All Time Critical Systems) 所需的專用日期及時間等數據資料。

16. 海洋表面溫度及聲音速度探測系統 (Sea Surface Temperature and Sound Velocity System; OMEGA DP82Y & Meerestechnik Elektronik GMBH SV-PROBE OTS)：可供在海洋表面處測量海水溫度及聲音

速度等數據,並且該系統可在識別海水本體 (Water Body) 的改變情形,以有效支援船載聲納系統的正常探測作業。

17. 環狀雷射電羅經 (Ring Laser Gyrocompass; Sperry MK39 RLG):可提供精確的船舶橫搖 (Roll)、縱搖 (Pitch) 及全方位平擺 (Azimuth) 等運動反應數據資料至任務系統,並且提供船艏航向數據資料至船橋(駕駛台)。

18. 船舶動態定位系統 (Dynamic Positioning System; SIMRAD/ Robertson):可由船橋(駕駛台)或主實驗室 ISS-60 系統上提供俱備船位保持能力 (Station Keeping Ability)、航跡線追蹤及傳送 (Trackline Following and Transmitting) 等用途的自動及手動推力器 (Automated and Manual Thruster) 和 Z 型動力傳輸驅動系統等控制功能。

七、結論與建議

美國海軍提亞哥斯級六〇型海洋調查研究作業船是現今美國海軍從事海洋調查研究工作的主要海上載具之一。本文中首先僅就該特種船型的任務需求及設計性能等作一概括性敘述。並且依序將該設計船型的主要尺寸特徵數據資料、船型構造輪廓、輪機、甲板艤裝、住艙艤裝及任務應用電子系統艤裝等方面的設計構想略加說明。對於將該海洋調查研究作業船型設計中的精要部份,諸如輪機電力供應及推進系統、任務用

途的甲板機械系統、船上一般佈置及住艙設計、任務用途的電子裝備系統等項目，作一簡明概括性描述。

該船輪機電力供應及推進系統被設計，應用一組共同匯流排的柴油引擎電動馬達推進系統及雙螺旋推進器等所組成，並且透過 Z 型動力傳輸驅動系統來進行航海活動。該發電系統是以最大彈性應用概念來進行設計，由兩台 2,435 仟瓦及兩台 1,825 仟瓦等柴油引擎發電機為主，以共通匯流排線路併聯設計方式提供電動馬達推進系統所需電量。

該船任務用途的甲板機械系統被設計，共裝置有三台多目標功能用途起重機，一台關節式小艇吊架，各一台舷側及船艉 U 型框架，及五種不同型式絞機等甲板機械設備，以供有效輔助達成海洋調查研究的規畫任務及必要實驗等工作。船上一般佈置設計構想係以主甲板上第一、二、三、四、五層，及主甲板下第一、二層平台等艙區設計圖樣，詳加說明其攸關航海、輪機、任務應用及生活住宿等空間規畫。至於該船住艙室內設計僅區分為官長及船員水手等兩級，共配置有單人房及雙人房等佈置，可容納 55 位編制人員船上生活起居及任務作業所需。

該海洋調查研究作業船上所配置的海上任務應用電子裝備系統設計等，概涵括有 (1) 多條束回音探測系統。(2) 深/淺海回音探測系統。(3) 海底層輪廓掃描儀。(4) 地震探測系統。(5) 都卜勒音響洋流輪廓掃描儀。(6) 消耗性感應器次系統。(7) 磁力探測儀。(8) 傳導性、溫度及深度探測系統。(9) 海水採樣次系統。(10) 海底訊號詢答航海系統。(11) 音響釋放系統。(12) ISS-60 應用軟體系統。(13) 航海星全球船位系統。

(14) 氣象監視系統。(15) 船上標準時間供配系統。(16) 海洋表面溫度及聲音速度探測系統。(17) 環狀雷射電羅經。(18) 船舶動態定位系統等十八項。至於該海洋調查研究作業船上所配置的海上任務應用電子裝備系統等設計的整合功能作動邏輯亦作簡要描述。

近年來，為積極順應世界各國逐漸重視海洋環境維護及資源保育等潮流趨勢，我國亦於民國八十九年二月通過「海岸巡防法」等相關法案，明定行政院海岸巡防署執行若干海域執法任務等項目，諸如警衛領海、海域犯罪偵防、海洋環保、海難搜救、油污防治、航安管理及資訊服務。概括而言，我海岸巡防署執行前述諸多海洋事務工作項目，實有必要認真考慮籌獲建置該海洋調查研究作業船型，以強化我海域執法服務及水文資訊調查等應勤能量。最後，期望透過詳實說明該特種功能用途船型的任務敘述及設計性能等相關文件資料，將有助於政府各部門技術行政人員對海洋科技研究工作內容及應用設備等有所認識，落實培育海洋科技專業人才，及提供未來處理相關海洋事務作業時有所遵循參考。

參考文獻

1. 'Technical Documents on the Missions and Capabilities of the T-AGS 60 Class Oceanographic Survey Ships', Support Ships, Boats, and Craft Program Office, PMS325, The Naval Sea Systems Command, U.S.A., January 1991.

2. Anderson, M., Burton, D., Palmquist, M.S., Watson, J.M., 'The Deepwater Project - A Sea of Change for the U.S. Coast Guard', NAVAL ENGINEERS JOURNAL, Page125-131, May 1999.

3. 吳東明等，「水警警艇整體購建計畫研究報告書」，內政部警政署水上警察局委託研究，水上警察研究所，中央警察大學，中華民國八十八年九月。

4. Truver, S.C., "Streamlining Blunts the US Coast Guard's Cutting Edge", Jane's Navy International Journal, U.S.A., September 1999.

5. 吳東明，「重建美國海岸防衛隊執勤能量的整合深水系統計畫概述」，第十六卷第三期，新知釋粹雙月刊，中央警察大學，中華民國八十九年八月。

6. 吳東明及歐凌嘉，「我國海岸巡防署組織功能的未來發展規畫啟示——美國海岸防衛隊前瞻廿一世紀任務願景」，第八屆水上警察學術研討會論文集，水上警察學系，中央警察大學，中華民國九十年五月。

7. 吳東明及蔡崇謀，「我國海巡署組織調整規劃之研究」，第八屆水上警察學術研討會論文集，水上警察學系，中央警察大學，中華民國九十年五月。

8. 吳東明及江東興，「我國海岸巡防署海洋巡防總局船務管理作業的借鏡——美國海岸防衛隊邁向廿一世紀船艦工程管理願景」，第卅二卷第一期，警學叢刊雜誌，中央警察大學，中華民國九十年七月。

9. 吳東明，「美國海岸防衛隊前瞻廿一世紀任務藍圖」，第卅五卷第九期，海軍學術月刊，中華民國九十年九月。

第伍章

歐盟多任務功能可變式標準三〇〇型的飛魚級海巡船艦設計研析

摘要

近年來，歐洲區域性安全問題方面出現若干變化情勢，幾乎所有國家均儘可能嘗試調整，以平衡其自身日漸沈重的國防預算支出。於是相關因應對策變得極為重要，即使其能在一個深思熟慮方向上力求權變改善，如此方才不致於失去其所應備最基本的國防能量。一個新船型的設計概念——「需要為發明之母。」事實証明該諺語適切表達此一概念，即多任務功能可變式標準三〇〇船（SF-300）型於是誕生。此型船設計的基本理念是應用標準化的任務專用貨櫃，以裝載若干武器及非永久性的艦載裝備等，期待能在一個特定任務角色轉移至其他任務時，儘可能達到滿足快速更換武器及應勤裝備等需求。

有關該任務需求載臺的船型設計說明，概可分為船體、推進與輔助系統裝置、船舶控制與監視系統、住艙設施、隱密特質及卓越性能船型設計等六部份。對於 SF-300 執行前述計畫的重要觀念而言，其模組化與可權變式的指揮、控制、通信及資訊系統，與其自身可以互相調換的武器與其他系統裝備等，其重要性一致。此外，該型船的設計擁有一個

重要觀念，即俱有足夠能力，快速變更該任務角色的裝備部署，以快速適應其他更新的任務需求狀況。當務之急所應深切瞭解的是仍然保有指揮、管制、通訊及情資系統、感測器，及保留拖曳式聲納系統的通訊系統等作為永久性艦載裝備。

此處所舉例說明簡圖及裝備目錄等均可顯示其所擔任各項多樣化任務角色時的預備庫存裝備能量，其中概括有監視任務、作戰任務、佈雷任務、反潛作戰任務、污染應變防治任務及水雷反制任務等專用裝備。丹麥皇家海軍指揮官克奈德柏克將軍亦從其勤務作業指揮管制方面審慎觀察，並且針對 SF-300 艦隊，提供多項評估與改善意見。在海軍建造、勤務作業及作戰管理等方面上，該新任務載臺設計方案的基本概念是在於擴充現有海軍系統功能的貨櫃化及標準化等理念。並且提供我海岸巡防署未來前瞻十五年發展計畫所需建置各式功能船艦時，船務技術人員有所參考應用。

一、前言

近年來，歐洲區域性安全問題方面，情勢出現許多大幅變化，幾乎所有國家均極力嘗試調整，以平衡其自身日漸沈重的國防預算支出。於是相關因應對策變得極為重要，促使其能在一個深思熟慮的方向上力求權變與改善，如此才不致於失去其所應備最基本的國防能量。事實上，其將對於政治人物造成強大施政壓力，因此，迫使其行政官員及軍事參謀們，必須審慎面對問題，提出彈性與創新的折衷與改革對策。

在實務作業上，國防武器裝備的採購計畫經常是被要求多次修改或變更的。因此在許多其他時刻，該類型裝備籌獲計畫亦常發生被迫延期或終致捨棄等情形。無論如何，現正有一套船艦設計方案，在丹麥已獲得大多數政治人物的全力支持與喜愛，即是該船艦 (Flexible SF-300) 設計方案，無庸置疑地，擁有諸多明顯的好處與優點等。至於該標準三〇〇型飛魚級先導海巡艦執行海上監偵任務情形，詳請參看圖一所示。

圖一　標準三〇〇型飛魚級先導海巡艦執行海上監偵任務情形
（資料來源：Hansen, 1994）

多任務功能可變式標準三〇〇型船的設計及配備等方向，是為達到任務需求，其任務裝備能被快速更換備妥的指標。至於海軍可以滿足

其勤務作業需求 (Operational Requirements)──即是應用少數量的多任務功能船艦，其所發揮效能勝過需要使用數量較多的單一任務功能（傳統）船艦。

假若以該專用任務貨櫃的模組化觀念為基礎，在前述船型設計方案的財政規畫上，其預算編列與執行控管等作業均可擁有相當可變作業彈性。在沒有任何嚴重危害情況下，一個長期程的國防裝備採購計畫，諸如涵括一確定數量船艦、設置裝備及武器系統 (Weapon Systems) 等，均應能在瞬息萬變環境，或經濟狀況許可下，彈性依照其計畫優先順序及時程規畫等需求，逐漸調整以達到目標。

明顯地，新近該擁有先進觀念的前瞻船型設計方案也已被證明，其為眾所皆知的事實──即該型船極為適用於北大西洋公約組織 (Northern Atlantic Treaty Organisation; NATO) 所修正後的海巡戰略目標，其為俱備彈性、機動性及行動力的船艦載具，對於所有未來包含於該協防條約的範圍內的可能發生狀況等，均擁有適於海上快速反應功能。

在國際間緊張關係日趨緩和及低盪等情勢下，正如現今丹麥及世界各國等所面對一般，其所研究開發該多任務功能可變式標準三〇〇船型設計方案，可望極為容易被彈性轉換，以執行一般政府機關業務範圍工作，實為一重大助益。至於其被期望執行若干政府公務性工作的可能性構想，現今亦正被審慎深入進行詳細研究檢核。

二、創新船型設計

一個新船型的設計概念——俗諺道：「需要為發明之母。」事實証明該諺語適切表達此一概念，即是多任務功能可變式標準三〇〇船型由是誕生。在西元一九八〇年代初期，丹麥皇家海軍 (Royal Danish Navy) 面對一個關鍵的船艦汰舊換新替代問題。該長程計畫被投注相當重視眼光，是因為其將面對一個殘酷事實，即是在一九九〇年代間，大約是其皇家海軍一半戰力的 32 艘船艦，由於船艦設備功能落伍退化及船齡老舊等因素，大半逐漸到達法定最大使用年限 (Maximum Service Life)，因此必須分階段實施裝備除役報廢作業。對於此處提及該汰舊換新船艦中的 10 艘為潛艇 (Submarine) 與小型快速驅逐艦 (Frigate) 等船型，其旨僅在強調其經濟問題所受壓力多寡罷了。至於其他仍沿用服勤的 22 艘船艦是由 6 艘快速攻擊艇 (Fast Attack Craft; FAC)、8 艘巡邏快艇 (Patrol Craft) 及 8 艘掃佈雷艦 (Mine Countermeasure Vessels; MCM) 等所組成。

在勤務作業計畫中，前述所提及現有戰備數量中的每種船艦，均被視為是其各別船型的絕對最低需求數量。依據現實的長程編列預算 (Long-term Budgeting) 亦可清楚指出，無論如何，一艘傳統單一任務功能概念船艦的汰舊換新作業均被視為不可行的。尤其是基於艦隊的未來發展及累積運作經驗等顯示，全面提昇即將汰舊換新的三型現役船艦性能亦將面臨極大困難。至於有關丹麥現役三型艦艇，諸如薩德級

獵雷艦 (MCM Units of SUND Class)、蒂芬級偵蒐艦 (Surveillance Units DAPHNE Class) 及索羅門級快速巡邏艇 (Fast Patrol Boats of SOLOVEN Class) 等功能,將被規劃由標準三〇〇型飛魚級海巡艦船型來統一替代情形如圖二所示。

　　正如所願,該設計觀念的問世即是應用一個基準型的船體載台,配合應用一套基準型的船用推進系統設計 (Standard Propulsion System),並且以該設計方式為主軸,其能裝載各式多樣化任務貨櫃的應用裝備及武器系統等,得以因應其多樣化任務功能角色。同時在許多短工作時間內,該標準化任務貨櫃裝備與其通聯介面等艤裝作業亦可容許,其即便從一種任務專用貨櫃,順利更換成另一任務標準化任務貨櫃,並且裝置完成。至於對所有任務均可共通適用的感測器,或者許多不適合裝置於標準化任務貨櫃中的設備者,諸如像船體裝載聲納 (Hull Mounted Sonar),即應作永久性裝置考量。另外,一個以數據資料匯流排線路 (Data Bus)、標準化控制台 (Standardised Consoles) 及各作業處理器 (Processors) 等設計架構為基礎,具有模組化與彈性化功能的指揮、控制、通信及資訊 (Command, Control, Communication and Intelligence; C3I) 系統,將是控制其艦載武器及裝備系統,與勤務作業應用所不可缺的。另一個擁有開放聯接式指揮、控制、通信及資訊 (C3I) 系統架構,將可容納其自身硬體及軟體等功能模組的增加或移除等裝備修改設計,以滿足瞬息萬變的需求功能提昇或尖端科技創新發展。

圖二　丹麥薩德級獵雷艦、蒂芬級偵蒐艦及索羅門級快速巡邏艇等功能，將
　　　　被規劃由標準三○○型飛魚級海巡艦船型來統一替代。

（資料來源：Hansen, 1994）

　　該創新的設計觀念船型成果相當顯著，並且在操作要求上，明確指示該 22 艘艦艇即該三種特定船型的最低編制數量，亦可能將會被以建造一個更少編制數量的該創新設計概念船型所替代。在一個先期可行性研究結果顯示，大約 16 艘該創新設計概念船艦即能夠滿足所有任務作業需求，因此該 16 艘該型特定艦艇數量即為最終決定的目標編制數量。事實上，這般艦艇籌建計畫發展結果將促使初始投資 (Initial Investment) 及後續維保成本 (Following Maintenance Costs) 等預算費用均亦隨之降低。無論如何，實現該標準化任務專用貨櫃的船型設計益處即是更能有效樽節其所支出費用。

　　在多樣化性能應用方式條件下，該模組化設計概念亦是提供實質有利助益貢獻的，即在其使用週期時限內，可將其所需花費成本 (Life Cycle Costs) 作極少化管理。在實務操作上，假若該任務專用貨櫃未被安裝於船舶上時，亦可以在理想安置狀況下，儲放於岸勤基地內，並且保養費用將能被減低至最少程度。因此對於每一種型式系統及船舶等詳細拆解檢修作業時間期程，均不致相互牽制，並且對於系統性能更新提昇，或系統完全更換等工程作業均有極大促進助益功效。

　　根據該先期可行性研究 (Pre-feasibility Study) 結果顯示，該多任務功能可變式標準三〇〇型船的設計方案即可快速進行可行性研究，並且在西元一九八三年中，該 300 噸原型船的一般佈置設計圖樣 (Design Drawings of General Arrangement) 也已完成發表。該船型設計案的最後完成階段是在西元一九八四年秋天至一九八五年中期間，亦是正當

最終政府預算通過核准發給建造許可時，第一批次 7 艘船艦建造合約 (Building Contracts) 即被完成簽約作業。在西元一九九○年間，另一宗船艦新造工程合約即涵括有 6 艘船艦亦隨之簽訂。並且依據全盤船艦新建工程計畫，第三批的三艘船艦應是於一九九三年間被正式簽署訂單。

首艘艦命名為「FLYVEFISKEN」，其在丹麥語中代表「會飛之魚」，預計於西元一九八七年底完工交船，並且於西元一九八八年正式實施系列船艦的生產建造工程作業。該新艦建造的工程時程表已排定每年兩艘開工安放龍骨，即每艘新艦建造間隔為六個月，隨後每艘新艦建造工程作業所需時間大約為一年，並且海軍附加艦上系統艤裝期間約為六個月。直至西元一九九一年底，五艘多任務功能可變式標準三○○型船已開始服役，並且後續新艦將以六個月一艘時程進度完工交船，隨即加入服役行列。

該多任務彈性船型設計概念提供政府財政彈性 (Financial Flexibility) 編列預算優點，導致該多任務彈性船型籌建計畫方案的行政管理作業，得以順利推展。另外，基於政府編列為預算額度或其他理由等，亦可透過此一權宜計畫措施，順利籌獲得到若干需求艦載武器及應勤系統等。因此假若採用該彈性作業方式，其裝備交貨時程或可較原訂「船艦建造主計畫時程表」(Master Schedule of Hull Construction) 略為延遲。

三、專用任務貨櫃

多任務功能可變式標準三〇〇型船設計的基本理念是應用標準化的任務專用貨櫃,以裝載若干武器及非永久性艦載裝備等,期能在一個特定任務角色轉移至其他任務時,儘可能達到滿足快速更換武器及應勤裝備等需求。

該任務專用貨櫃可依據多樣化功能形式,彈性調整其艦載武器或應勤裝備等,依需要安裝在其內部,或裝載其貨櫃頂上。並且,該貨櫃標準化概念亦適用推廣至其貨櫃外型尺寸、甲板安裝銜接配件及訊號傳輸介面等設計工作。該任務專用貨櫃為外型 3 公尺寬,3.5 公尺長,2.5 公尺高的長方體結構物。至於其通聯介面涵括電力供應 (Power Supply)、資訊聯接匯流排線路 (Information Linkage Bus)、通訊聯繫、通風 (Ventilation) 及給水供應 (Feed Water Supply) 等。該艦載專用任務貨櫃為不銹鋼質,並且具有相當工程精度加工凸緣 (Well Machined Flange with Engineering Accuracy),以確保可與相應甲板凸緣接合鎖固精度。每一標準貨櫃均設置有兩個銜聯接頭區,藉以聯接雙向訊號傳輸纜線 (Dual Bus System) 及電力供應等系統。

依據前述多任務用途目的,該多任務功能的各式專用貨櫃或可能是被建構成一個封閉的似正方體箱型,並且設置一水密門與艙口 (Watertight Doors and Hatches),以提供人員及物具進出內部的通道,即如一個儲藏物品貨櫃般;或者是設計為擁有開放式邊牆,及僅使用角柱

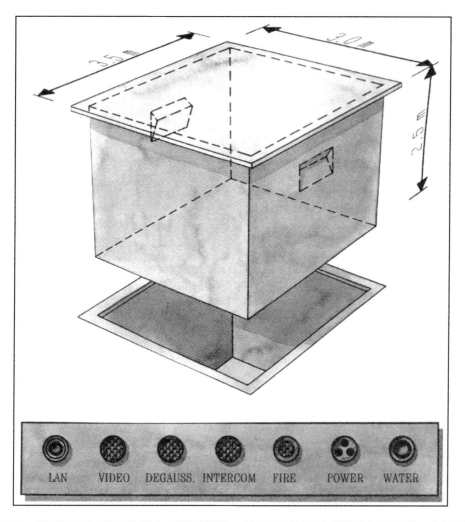

圖三　艦載專用任務貨櫃為不銹鋼質，並且具有相當精度加工凸緣，以確保
　　　　可與相應甲板凸緣接合鎖固精度。每一標準貨櫃均設置有兩個銜聯接
　　　　頭區，藉以聯接雙向訊號傳輸纜線及電力供應等系統。
（資料來源：Hansen, 1994）

骨材，以聯接頂蓋與底架的構建型式。至於該任務專用貨櫃的內置武器或裝備等被安裝在其貨櫃本體的頂蓋板上，並且所有專屬於該系統用途的電子及機具器械等配件，即涵括其內各子系統的區域性控制部份均被安裝於任務貨櫃內，亦與該專用貨櫃的標準系統介面控制台板相聯接。

諸如作戰任務專用貨櫃組成即是其頂蓋架設一座多功能機砲 (Multi-purpose Guns)，其彈藥裝填系統及區域射控裝置 (Fire Control Device) 等均被設置於其內部，僅以一俱有角型邊材骨架，來連接構建該專用貨櫃的頂蓋與底板等結構。並且，該型開放式結構機砲貨櫃亦容許人員自由進出旋轉式彈藥裝填艙 (Revolving Magazine)。假若艦上一個或多個任務專用貨櫃艙間位置未使用而留空，或尚未進行任務貨櫃裝載時，即使用預製艙口蓋予以遮護，以確保該艙口空間完全密封。

四、任務需求載臺

有關任務需求載台的船型設計說明，概可分為船體 (Hull)、推進與輔助系統裝置 (Propulsion and Auxilliary Installations)、船舶控制與監視系統 (Ship Control and Supervisory System)、住艙設施 (Accommodation)、隱密特質 (Stealth Features) 及卓越性能船型設計等六部份，詳細分述如後。至於該標準三〇〇型飛魚級海巡艦的外觀佈置說明，如圖四所示。而該型船艦設計的各主要尺寸與重要特殊細項 (Principal Dimensions and Particulars) 等數據，如表一所列。

圖四　標準三〇〇型飛魚級海巡艦的外觀佈置說明

（資料來源：Hansen, 1994）

1. 船艏段貨櫃位置。2. 駕駛艙/操作室組合。3. 探照燈。4. 砲火射控雷達及光學電子式目標追蹤器。5. 高頻 (HF)、特高頻 (VHF)、超高頻 (UHF) 通信設備。6. 航海定位用雷達設備。7. 背對背安裝的X-波段視雷達與C-波段監視雷達設備。8. 電子支援偵測系統 (Electronic Support Measures; ESM) (電磁的相容性)。9. 誘導彈發射器。10. 通訊系統天線。11. 魚雷發射管甲板鎖固裝置。12. 水雷排放甲板鎖固裝置。13. 三個舵，舷外備有橫搖阻尼裝置。14. 三個螺槳。15-17. 船艉段的三個貨櫃裝置位置。18. 主機，兩部柴油機、一部渦輪機。19. 住艙。20. 彈藥庫。21. 安裝於船體體之聲納。22. 船艦推力器。

201

表一　該多任務功能可變式標準三○○型飛魚級海巡艦的主要設計諸元暨性
　　　能數據

主要設計尺寸諸元	船型設計數據	備　　　註
1. 船舶全長	54.0 公尺	
2. 船舶設計水線長	50.0 公尺	
3. 船舶全寬	9.0 公尺	
4. 船舶吃水	2.5 公尺	（在船舶滿載排水量情況下）
5. 輕載排水量	320.0 噸	
6. 滿載排水量	450.0 噸	
7. 最大連續航速	＋30.0 節	柴油引擎與燃氣渦輪組合式推進動力系統 (CODAG)
8. 船速	約 20.0 節	（僅使用柴油引擎動力）
9. 船速	約 6.0 節	（僅使用液力驅動）
10. 續航力	約 2,400 浬	（在一般巡航速度為 18 節條件下）
11. 人員配置	19 - 29 員	

(一)船體

1. 該多任務功能可變式標準三○○型 (SF-300) 船為後勤標準化及操作彈性化等基本設計概念下的傑出產物，能夠在快速更換功能模組化系統的任務應勤裝備下，以完成整備因應各式任務需求服勤。此外，模組化系統的功能設計正切合其多目標功能化的任務需求 (Mission Requirements)，諸如其中包括有四個標準尺寸的專用任務貨櫃艙口井，及其與各裝置的作戰武器/應勤裝備等專用任務貨櫃間的通聯控制介面設計。

2. 該型船是由位於艾柏格鎮 (Aalborg) 的丹造船廠 (Danyard) 所建造，其船體為強化玻璃塑膠纖維材質 (Glass Fibre Reinforced Plastic; GRP) 的三明治式複合材料結構。至於該船體結構材料的擇用著重於減輕結構重量 (Weight Reduction)、易於保養 (Easy Maintenance)，及不具有磁性特質。並且其可提供一個高標準的適當對抗火災 (Fire Resistance) 效能——即低熱傳導係數 (Low Heat Transmission Factors) 與應備對抗火災的器械披覆塗裝。其中尚應用包括有凱夫勒板材料，至部份船體及上層結構等區域，以提供對抗火災曼延及對抗小口徑武器裝備所造成火災等防護。

3. 在該非金屬結構材質船舶的電磁相容性 (Electro-magnetic Compatibility; EMC) 設計對策上，也已完成鋅板塊的延伸鋪設、電纜管線格蘭接頭蓋座，及非金屬材質管線與風管等穿越防護。

(二)推進與輔助系統裝置

1. 該柴油引擎與燃氣渦輪組合式的推進動力系統 (Combination of Diesel Engine and Gas Turbine; CODAG) 裝備被擇用，旨在滿足其速度與經濟等要求性能。旋即選用一部美國通用電氣公司 (General Electric Ltd.) 所生產五〇〇型 (LM-500) 燃氣渦輪機 (Gas Turbine)，以驅動設置於船體中心線上的固定螺距螺槳 (Fixed Pitch Propeller) 的中央推進器，及兩部德國製 16 缸 (MTU 16V396TB94) 柴油引擎，其每部引擎各驅動一套可變螺距螺槳 (Controllable Pitch Propeller) 的側翼推進器。

2. 一部輔助液力推進系統 (Auxilliary Hydraulic Propulsion System) 被設計安裝為保持靜音性能，避免造成過多水下音響噪音，以利靜音獵殺攻擊水雷 (Silent Mine-hunting)，及經濟慢速巡航 (Economic Loitering) 等任務目的。另該輔助推進系統亦包括有一部船艏推力器 (Bow Thruster)。

3. 船艦橫搖穩定功能 (Roll Stabilisation) 是由側翼船舵的系統動作與補償平衡櫃系統 (Complementary Tank System) 等所提供，並且俯仰襯板 (Trim Flaps) 亦被安裝設置。

(三)船舶控制與監視系統

1. 該艦上所有推進設備、輔機裝備，幫浦、閥閘及通風系統等，均由位於艦橋駕駛室的一套全面電子系統操縱台，以進行其操作、控制及監視等作業。船舶操縱作業可在該船駕駛室前方或兩舷側翼等處，直接於操作面板位置處實施。

2. 駕駛室的操縱台 (Bridge Console) 與甲板下裝備室的操縱台均是完全一式設計，並且可以相互切換操控，其主要設計目的為在正常情況下，裝備操縱及機艙作業等均實施無人當值作業模式。至於該船舶操縱及監視系統的重要控制部分均裝配有備套硬體線路設計。

(四)住艙設施

多任務功能可變式標準三○○型船所擇用的先進科技系統均符合

低人力要求 (Low Manning Requirements) 條件，並且依據前述各不同特定任務角色所需，以審慎配置艦上的應勤裝備及作戰武裝等，因此全船所需編制人數僅為 19-29 員不等。總括而言，該多任務功能可變式標準三○○型船上空間是極為寬敞的，所有不同職級人員均可享受高品質標準的住艙設施。除艦長起居室與寢室等外。另設有 5 間雙人式套房住艙，以提供官長及資深船員使用，並且設有 9 間雙人式套房住艙，提供給資淺船員使用，該船上所有住艙均提供獨立衛生淋浴設備。

(五)隱密特質

1. 船體結構與上層建築物均被特別設計，以力求在雷達掃描時呈現最小的電磁波反射橫截面積值 (Radar Cross Section)。此外，對於低雷達波反射強度 (Low Radar Reflection) 的設計標準，該所有強化玻璃塑膠纖維材質 (GRP) 的三明治式結構均提供有不可磨滅的重大貢獻。

2. 應用該非磁性特質的船體建造材料，可有效減少相當多的消磁問題。至於該隔音品質材料的絕緣特質亦可協助減少音響與熱等散播 (Acoustic and Heat Emissions)。況且，已採用特別措施，可以降低紅外線 (INFRA RED; IR) 的引擎排氣特徵。

(六)卓越性能的船型設計

1. 雖然該型船是為丹麥皇家海軍所規畫設計，實際上其亦能夠適合在全世界任何一處水域中服勤。此外，在六級風力的開放水域中，船

體仍需滿足全面執勤 (Full Operability) 的任務性能要求下，該設計船型
適航性的優越表現也已被清楚證實，確能滿足海上執勤要求規範。

2. 值得特別注意的是該型船擁有較其設計建議為大的排水量數
值。該船舶結構是以強化玻璃纖維塑膠材質 (GRP) 的三明治式複合積
層方法 (Sandwich Layer Assembly Method) 所建造。從實際應用考量而
言，其擁有遠較傳統鋼質結構船型為優越的「船艙內部容積／總排水
量」比率。事實上，就同一船舶尺寸大小而言，該型船擁有較同時期傳
統鋼質結構設計的小型海岸巡防艦 (Coastal Corvettes) 為大的排水量。

3. 在第五世紀時，哥倫布航海橫渡大西洋發現新大陸航程 (Epoch-
making Voyage across the Atlantic Ocean)。其中特別值得注意的是，經
過詳細丈量結果顯示，當時號稱為指揮旗艦 (Admiral's Flagship) 的聖
大瑪莉亞號 (Santa Maria) 船身長度為該型的一半，並且其總排水量亦
僅達 120 噸而已。

五、指管通情系統

(一)前言

1. 對於具體實現該前述多任務功能可變式標準三〇〇型船 (SF-300)
計畫的重要觀念而言，其模組化及可變式的指揮、控制、通信及資訊系
統 (C3I)，與其自身擁有可以互相調換的作戰武器及其他應勤裝備等系

統均同樣重要。

2. 假若不考慮該型船 (SF300) 的任務角色，該指揮、控制、通信及資訊系統 (C3I) 是為與裝設在艦載任務專用系統裝備、標準化任務作業控制台及永久安裝感測器等相連接的主要電子骨幹系統，其中亦涵括武器射控制系統、通信及航海輔助儀器等追蹤器在內。

3. 該系統建構在乙鈦網路 (Ethernet IEEE8023) 數據匯流排線路設計概念，並且設置重複備套系統 (Redundancy Measure)，及具有一系列資訊儲存及處理能力的網路終端接點，藉由與各子系統的數據匯流排，建立進出網路系統的管道。

4. 每一個網路終端接點均包括有一個或多個的處理器介面卡，並且均與符合工業標準 (Industry-standard VME) 的匯流排設計線路相容。該系統架構網路可容許各功能系統情資 (Architecture of Functional System Intelligence) 為俱備相容資料儲存及處理能力功能的系統，並且均分佈於網路終端接點，亦提供一種簡易作業方式，以增加特別功能的積體線路板 (Integrated Circuit; IC) 及應用軟體等於網路終端接點處。該開放式系統架構建構於可確保有未來擴充功能的發展潛力，即藉由容許增加新設功能──諸如新武器系統裝設等，並且可透過增加新設網路終端接點，聯接至數據匯流排線路上。至於數個過時老舊系統功能均可被更新提昇或淘汰摘除。事實上，其資料庫可提供長期間的數據儲存 (Long-term Data Storage) 功能，亦被加以複製，如數據匯流排線路系統設計邏輯般理由，該資料庫系統應俱備重複備套配置。有關 SF-300 的指

揮管制通聯情資系統流程架構，並且每艘艦均設置有四個專用任務貨櫃填載井座 (Container Wells)。至於底列專用任務貨櫃係表示丹麥皇家海軍 (RDN) 的現役庫存後勤構想 (Present Inventory Plan)，如圖五所示。

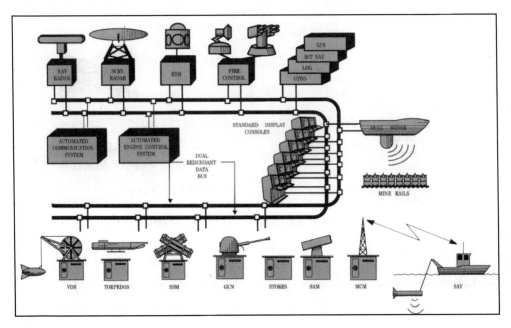

圖五　標準三○○型飛魚級海巡艦的指揮管制通聯情資系統流程架構
事實上每艘艦均設置有四個專用任務貨櫃填載井座。至於底列專用任務貨櫃是表示丹麥皇家海軍的現役庫存後勤構想。

（資料來源：Hansen, 1994）

(二)亞達系統管理軟體

1. 選擇該套亞達系統的架構俱有一重要優點——即擁有為數眾多，並且四處散佈的資料處理器 (Distributed Processors)，就以資料處

理器負載及記憶體等容量而言,其可輕易提供自身充份備用空間容量。假若在該系統網路中,當有一個或更多的網路終端接點發生毀損情況時,該擁有充份備用空間容量功能優點,將可容許其系統的應用軟體,得以重新配置其系統架構。

2. 該重新配置系統架構的基礎為使用亞達 (Ada) 程式語言所操控的高度模組化及散佈式架構,其所蘊涵意義即應用亞達語言撰寫程式時,對於數據處理器,或網路終端接點的分佈位置等均無需特別考量。

3. 該應用操作軟體是以亞達 (Ada) 程式語言所撰寫,並且是在著名「視窗 2000 系統」(Window 2000 System) 環境基礎上作業,由諾貝爾科技公司 (NobelTech) 所研究發展完成的。

4. 在西元一九八九年,該第一艘多任務功能可變式標準三〇〇型船的系統作業程式被設置完成,其中包含有大約 400,000 行亞達 (Ada) 程式語言指令 (Statement),旨在執行有關基本巡邏艦任務所要求的作業。另外,為有效滿足其他相關聯,或更多任務需求等角色,該系統軟體程式亦可逐漸擴大充實,並且研發迄今大約已涵括 1,500,000 行原始程式指令 (Source lines of Codes)。

(三)標準控制台

1. 該作業人員的標準操作控制台提供人與機器的銜接介面 (Man - Machine Interface; MMI)。實務上,最低裝置數量為 3 座操縱台被安裝於操作室 (Operation Room) 內,即可滿足一般巡邏艇任務功能作業所

需。假若為滿足更多項目的角色任務作業要求時，該操作控制台的設置數量亦可被擴增至最多六座之譜。

2. 每一子系統的人與機器銜接介面 (MMI) 均被安裝於任一個標準操作控制台內。依據此一系統設計邏輯，及從任何一個選用操作控制台均可執行所有系統功能的可能性要求等，尤其是在操作室作業整合項目情況下，擁有極其優越彈性及交互相容使用特質，並且其重複備套性亦可被有效確認。除此之外，使用單一種類型式的操作控制台應是有利於操作者的訓練及合理化的後勤管理 (Logistic Management) 等領域。

(四)容易適應的人機介面

1. 該人機銜接介面 (MMI) 是建立在以人機介面物件為基礎觀念上，即如一個先進的作動機構 (Action Mechanism) 般，在該人機銜接介面 (MMI) 的功能架構整合上，可容許其實務應用的技術規範 (Technical specifications) 研擬及系統安裝測試 (Installation and Implementation) 等，均未見任何明顯限制。該產生人機銜接介面 (MMI) 特色的工具元件可以容許變更的，而無需要去修改該以基礎亞達 (Ada) 程式語言所撰寫的原始作動程式。事實上，該結果即是一座標準操作控制台可以輕易調整，以適應該早已存在的作業實務及程序 (Operation Practice and Procedure)，並且假若確有需要的話，諸如在採用一新作業程序試用一段期間後，即便被視為是一種適當權宜措施，亦可輕易修改之。

2. 該標準操控制台是由丹麥「天馬」(TERMA) 電子科技公司所研

究發展及製造生產的。其特性是藉由一套雙機銀幕，以顯示雷達的視聽信號 (Radar Video Signal)、彩色合成圖形 (Synthetic Colour Graphics)、比對圖形、紅綠藍 (RGB) 彩色聲納圖像，及從追蹤器攝影機 (Cameras of the Trackers)，以提供紅外線電視 (IR/TV) 視訊等。無論在任何情況下，這些銀幕均能適合多種圖像顯示使用方式，因此操作者可以選擇適應狀況要求的最佳功能模組 (Optimal Function Modules)。另設置有兩個可程式化應用的觸覺感應式鍵盤 (Touch-sensible and Programmable Keyboards)，以提供該相關層次架構式目錄選單的系統控制，並且軌跡球 (Rollerballs) 提供游標操作 (Cursor Operation)，及一個標準「傳統打字機」(QWERTY) 型鍵盤，以容許文字輸入作業。

3. 該系統功能的實際執行僅限於部份特定授權人員，並且有關擷取限制性資訊應用作業方面，必須透過某一特定許可密碼程序 (Password Procedure)，以確保其安全保護管理。另為求兼備人員訓練目的，該系統作業模擬功能模組 (Operation Simulation Modules) 亦被整合於該系統中。

(五)通信子匯流排纜線設計

1. 與該主要指揮管制通聯情資 (C3I) 的匯流排線路系統銜接介面為一個通信功能的子匯流排線路 (Communications Sub-bus)，其中包括所有對外及對內等單位通訊，並且包含數據訊號的通聯系統 (Data Link) 等。對於其最大應用程度而言，該指揮管制通聯情資 (C3I) 系統部分是

建立在光纖 (Fibre-optics) 視訊基礎上，並且正如該主要訊號系統般，其系統軟體亦是以亞達 (Ada) 程式語言所撰寫完成。

2. 該訊號傳輸系統介面容許從其標準操作控制台直接處理進出訊號通訊。因此，該操作控制台螢幕能被用來直接進行書寫、接收及回覆信文 (Retrieving) 等，並且其紙張流通 (Paper Circulations) 的使用量就可以大幅縮減。

(六)整合式武器射控系統

該飛魚級 (FLYVEFISKEN) 船型所設的可彈性式武器控制系統，即為一個作戰武器系統的完整部份。另該彈性式武器射控系統涵括有兩個獨立分離的射控頻道，其中 (1) 建構在一個完全連合的特定頻帶 (KU-Band TWT) 雷達。(2) 連接至光電式感測器 (Optronic Sensors) 上。並且兩個目標追蹤器 (Target Tracker) 均採用雷射 (Laser)，及電視/紅外線 (TV/IR) 等感測器等，以進行目標定位作業 (Target Positioning Operation)。該系統功能的特色是能發射極低頻的側向電磁波，具備遠距離的多目標追蹤 (Off-boresight Tracking) 及極高範圍解析度 (High Range Resolution)，並且在眾多目標中，可進行目標鎖定 (Target Lock)、追蹤與辨識 (Tracking and Identification)，第一及第二階段目標預測等作業。

六、多任務功能特質

該型船設計擁有一個重要概念，即具有足夠能力，快速改變該任務角色的裝備部署，以迅速適應另一更新的任務需求狀況。當務之急所應深切瞭解的是該船上指揮、管制、通訊及情資系統 (C3I)，感測器及保留拖曳式聲納 (Towed Sonar System) 的通訊系統等為永久性艦載裝備。同時圖六舉例說明裝備庫藏等均可顯示其所擔任各項多樣化任務角色時的預備庫藏裝備能量，其中概括有監視任務 (Surveillance Units)、作戰任務 (Combat Units)、佈雷任務 (Minelaying Units)、反潛作戰任務 (Anti Submarine Warfare Units)、污染應變防治任務 (Anti Pollution Units) 及水雷反制任務 (Mine Countermeasures Units) 等專用裝備，詳分述如後。

(一)監視任務的專用裝備

艦載僅有作戰武器系統為一多用途火力快砲。而其艦載所預留任務貨櫃艙間位置經常是被應用於儲藏物件及安置液壓吊桿 (Hydraulic Crane) 等用途，其在船上被應用於快速吊放 (Rapid Launching) 作業船載的大型突擊艇，以迅速有效實施搜索與救援 (Search and Rescue)，及登輪安檢 (Boarding Operation) 等任務工作。

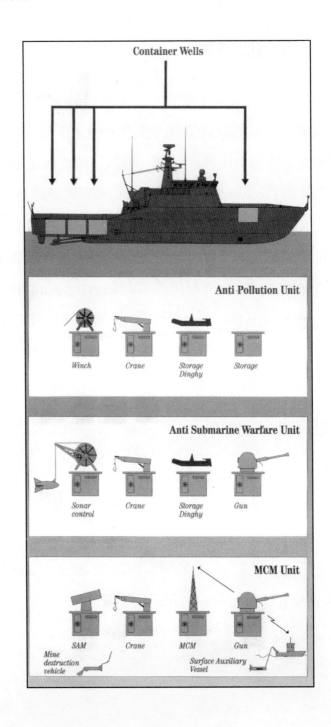

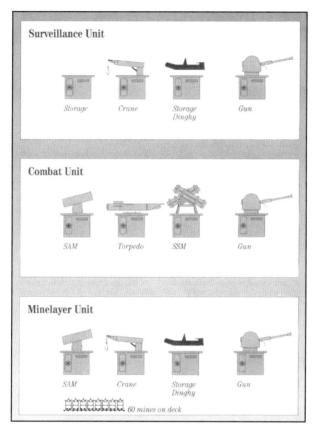

圖六　標準三○○型飛魚級海巡艦的海域監偵、軍事作戰、佈放水雷、污染
防治、反潛作戰及獵雷作戰等各項專用任務貨櫃組合情形
（資料來源：Hansen, 1994）

(二)作戰任務的專用裝備

為了適合執行水面對抗作戰行動，艦上裝載有火力快砲、海對海
飛彈 (Surface to Surface Missiles; SSM)、海面對空中飛彈 (Surface to

Air Missiles; SAM)，及裝置於似長方形的艉側甲板上的線控導向魚雷 (Wire-guided Homing Torpedoes) 等。

(三)佈雷任務的專用裝備

為求自我防護，因而設置有火力快砲武裝，及海對空飛彈 (SAM) 等系統，並且在甲板上設置佈雷滑進軌道，以艦載超過 60 枚以上的水雷物資。

(四)反潛作戰任務的專用裝備

為求自我防護，因此必須裝設多項作戰武器系統，並且擁有一座以艦載輔助聲納 (Hull-mounted Sonar) 功能為主的一個可調深度聲納 (Variable Depth Sonar; VDS) 系統，正常配置貯藏於船艉任務貨櫃中；至於反潛作戰武器 (Anti Submarine Warfare; ASW) 迄今尚未決定裝置。

(五)污染應變防治任務的專用裝備

或許需要拆卸全船艦艇作戰武器系統，以容許裝載海上溢油污染的防治應變任斐專用貨櫃，諸如攔油索 (Oil Booms)、汲油器 (Oil Skimmers)，油污水或化學品等儲存裝備。

(六)水雷反制任務的專用裝備

1. 一個特定水雷反制作戰 (Mine Countermeasures; MCM) 的任務概念早已開發融入該型船的設計方案中。在該船型概念設計下，應用一個展現更深入路徑調查概念 (Route Survey Concepts) 研發的掃雷 (Mine Hunting) 系統，其根據一般偵測 (Detection)、分類 (Classification)、辨識 (Identification) 及中性化 (Neutralisation) 等基本原則。無論如何，就各種不同實務應用方向而言，SF-300 的水雷反制措施裝備 (MCM) 概念均獨具特色的。在危急關鍵執行偵測階段 (Critical Detection Phase) 期間內，即使用水面作業艇拖曳側向音響掃描聲納（側掃聲納；Towing Side Scan Sonars），以進行實際水雷偵測作業，該型船可確實提供一個在不可預測狀況下的安全作業程度保障防護。

2. 在艦載一組任務標準貨櫃空間內，配置完整水雷反制任務裝備 (MCM)，並且每一艘 SF-300 可正常控制兩艘以上的水面作業艇載具，其亦可匹配為水面作業輔助艇 (Surface Auxilliary Vessels; SAVs) 用途。該任務貨櫃內尚備有兩個電子儀器櫃 (Electronic Cabinets)，以安置該側向掃描聲納及其訊號通訊 (Communication Link) 等相關聯結設備。並且在其甲板上裝載一或兩具水下遙距控制載具 (Remotely Controlled Underwater Vehicles)，以執行水雷辨識及處理等實務作業。

3. 該水面作業輔助作業艇 (SAVs) 正如多 SF-300 船體結構般為強化玻璃纖維塑膠材質 (Glass Fibre Reinforced Plastic; GRP) 的三明治式

結構 (Sandwich Construction) 所組成，因此通常應用於執行水雷偵測及分類等階段工作。另備有一組水幫浦噴射動力推進系統 (Pump Jet Propulsion System) 可提供 12.0 節的最大航行速度，其被安裝於船艉最末端，因此可以直接隨該船體線型底層流線方向順勢向後噴出，形成最佳流線造波，以有效降低船舶阻力。至於該拖曳式魚標聲納設備的降下施放與升起回收作業均由裝設於船艉部的 A 型起重機 (Stern Mounted A-crane) 來操作處理。在初始執行水雷反制 (MCM) 任務時，SF-300 是停泊於無障礙威脅區域的適當位置處開始實施，並且從該處操作其艦載無人式水面輔助作業艇 (SAVs) 及操縱其配載聲納設備等，如此，即可對具有水雷佈放嫌疑路線，進行有系統的搜索。隨後，當水雷目標被正確辨識到，或有必要拆除時，該水面輔助作業艇 (SAVs) 即被收回，並立即施放無人操控式水下作業載具，操縱控制至其目標基本位置處，而其位置資訊是由艦載聲納設備所提供。

4. 該側向掃描聲納及無人操控式水下作業載具等作業控制系統介面與 SF-300 的「指揮管制通訊情資系統」(C3I) 及資料通訊傳輸系統等相結合，並且與從聲納感測器所獲得數據等相聯通。因此所有訊號通聯操作均可從操作室的標準控制台上進行指揮管制作業。

七、多任務功能船艦的勤務作業

丹麥皇家海軍指揮官克奈德柏克少將負責其皇家海軍的作戰勤務及

人員教育等工作。柏克將軍亦審慎觀察其勤務作業的指揮管制等方面情形，並且針對 SF-300 艦隊，提供許多改善評估意見。

在和平時期，任何一個國家海軍的基本任務，即是在於確認其有效監控管制國家的管轄水域，保護國家水域的海事利益，及準備因應戰爭時期的任務等。諸如在波羅的海的出入口航道及鄰近水域中，SF-300 船艦將執行全天候 24 小時的連續不斷監視 (Round-the-clock Surveillance)，尤其是必要控制該水域，並且維護丹麥及北約組織等在該本區域的所有利益。

依據該多 SF-300 的設計概念，船型設計的所有可供更換的作戰武器及其他裝備系統等，在任何時間下，均必須可迅速適應滿足當時的工作任務需求。即在執行該海域監視任務時，可以僅安裝一座多用途機砲，一座液壓起重機，及一艘突擊艇等。在該艦操作室內，僅有最多可能安裝六台的三台標準控制台，並且在執行該任務作業下，該艦上編制人員至多不會超過 19 員，即可滿足持續長達 6 或 7 天的海上巡邏任務。

此處就以所需完成裝備佈署所需時間而言，SF-300 可以迅速選擇調整安裝成為 (1) 快速攻擊艇 (Fast Attack Crafts; FACs)、(2) 水雷佈放艦、(3) 水雷反制艦 (MCM)，或 (4) 反潛作戰艦 (Anti-submarine Warfare; ASW) 作業艦等，並且敘述該成套配置裝備如何滿足每一任務作業的功能要求。事實上，在實務作業過程中，SF-300 的設計方案有許多部分也已逐步顯現其應用效能。當整套系統裝備被逐步完成設置佈署後，丹麥皇家海軍 (RDN) 的該新船型艦隊的整體作戰之勤務應

用概念可被摘要分述如後，與在和平、緊張及作戰等三階段時期下，傳統海軍所需擁有編制戰力艦艇配置說明。此外，SF-300 飛魚級海巡艦俱備可隨時彈性因應各項應急及多變等任務需求 (Contingencies and Changing Requirements) 的實質潛能，並且詳細敘述該海巡艦型的彈性應用規畫比較分析情形，如圖七所示。

在和平時期 (Peacetime) 下，當 SF-300 被應用於執行海域監視任務時，其他服勤船艦亦可在同一時間內，接受 SF-300 被訓練的其他角色任務，並且能夠勝任執行其他相關任務工作。至於執行每一任務角色工作所需被專用裝備整置佈署的船艦數量，將依據各任務訓練需求 (Training Requirements) 及演習計畫時程 (Exercise Schedules) 等所訂定。

在一緊張局勢時期，或在發生戰爭情況下，該應用於海域監視任務的 SF-300 或許可以因應任務需求，增置多項專用任務裝備，以確實提昇其作業性能等級。無論如何，丹麥所管轄水域極為適合實施水雷作戰，基本上，該型船艦的規畫調整比重可能強化其水雷佈放及水雷反制 (MCM) 等任務作業能量。另依據實際需求情況結果顯示，在需要其他任務角色作業時，或許亦可增加該型船艦的其他作業能量，並且該水雷反制 (MCM) 及水雷佈放等作業能量的設置比例將依據其所因應狀況，予以彈性調整之。

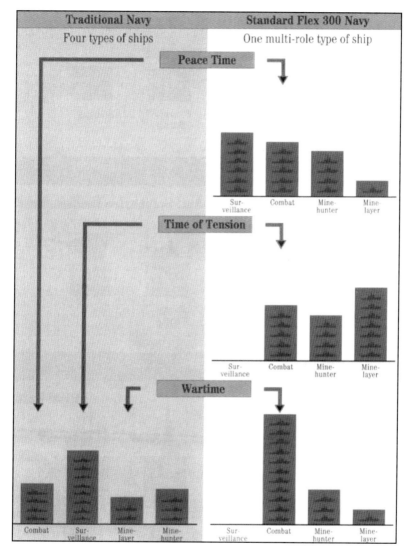

圖七　在和平、緊張及作戰等三階段時期，一傳統海軍所需擁有編制戰力艦
　　　艇配置說明

標準三〇〇型飛魚級海巡艦俱備可隨時彈性因應各項應急及多變等任務需求
的實質潛能。並且詳細敘述該海巡艦型的彈性應用規畫比較分析情形。

（資料來源：Hansen, 1994）

實際上，海軍作戰特性貴在於因應經常性及快速性等任務狀況變化，因此各多樣變化所需求的作戰能量亦將隨之改變。在所有任務作業情況下，該由多任務功能用途船艦所組成艦隊的執勤能量，即如 SF-300 勢必能夠進行最適化選擇調整，以確合各項任務的作業需求。無論如何，該標準三〇〇型飛魚級海巡艦的各項任務的整合應用均賴碼頭貨櫃吊車進行裝載作業，及其在海軍基地港口的專用任務貨櫃佈署情形等，如圖八所示。

圖八　在海軍基地港口的專用任務貨櫃部署情形

無論如何，標準三〇〇型飛魚級海巡艦的各項任務的整合應用均賴碼頭貨櫃吊車進行裝載作業。

（資料來源：Hansen, 1994）

因此依據該最適化調整任務作業功能結果得知，該艦隊被確信足以顯示其任務作戰潛能。甚至由該多任務功能用途船型所組成艦隊，尤其是遠較其他一般擁有特定功能且同樣大小尺寸規模的各式傳統船艦隊者，俱備更強大的作業潛能。

八、結論與展望

近年來，歐洲區域性安全問題方面出現許多變化情勢，幾乎所有國家均儘可能嘗試調整，以平衡其自身日漸沈重的國防預算支出。於是相關因應對策變得極為重要，即使其能在一個深思熟慮方向上力求權變改善，如此才不致於失去其所應備最基本的國防能量。SF-300 設計的基本理念是應用標準化的任務專用貨櫃，以裝載若干武器及非永久性的艦載裝備等，期能在一個特定任務角色轉移至其他任務時，儘可能達到滿足快速更換武器及應勤裝備等需求。

有關該任務需求載台的船型設計說明，概可分為船體、推進與輔助系統裝置、船舶控制與監視系統、住艙設施、隱密特質及卓越性能船型設計等六部份。對於 SF-300 執行前述計畫的重要觀念而言，其模組化與可權變式的指揮、控制、通信及資訊系統，與其自身可以互相調換的武器與其他系統裝備等，其重要性皆一致。至於其所擔任各項多樣化任務角色時的預備庫存裝備能量，其中概括有監視任務、作戰任務、佈雷任務、反潛作戰任務、污染應變防治任務及水雷反制任務等專用裝備。

　　該先進多重任務角色的 SF-300 船型設計方案優點極為明顯且易於確認，即如該丹麥皇家海軍 (RDN) 的勤務作業規畫之成功案例般，其俱有足夠能力，以縮減船艦的總編制數量，並且維持特定勤務作業使用能量，或俱有能力來維持特定服役船艦數量，以增加其勤務作業能量。假若欲引進 SF-300 艦隊概念，並且能順利方便應用於其他較大型船艦設計上，將可結合其與一較大艦載數量的任務功能貨櫃，或一較大型輔助任務支援貨櫃等。在為求儘所有可能引進 SF-300 的專用功能貨櫃設計概念，並且促使其通聯介面所屬工業標準能適用於正在持續發展中的北大西洋公約組織 (NATO) 標準等情勢下，從整個國際間各國家海軍接受該產業標準的程度而言，其潛在助益亦是極為明顯的。

　　現今 SF-300 也已進行服役使用。在現存船艦的設計成果中，已有諸多相關研究調查顯示，較原先設計規畫基礎外的該船艦其他可能使用方式，最終該型船應俱備充份能量，以接受四種任務專用功能的標準貨櫃。無論如何，現今該船艦可以完全為其他目的用途，進而設計使用其他多種廣泛應用的任務功能貨櫃。該船艦設計規畫均被徹底研究調查，或許尚有其他的可能性應用，至於這些其他應用構想意見可能來自海軍特別目的、政府海事行政主管機關，或許亦可溶入該概念內，及更進一步從該船型設計構想激發其他合理方案等。

　　在海軍建造、勤務作業及作戰管理等方面上，SF-300 的設計方案為一新世紀的傑出先驅產品。事實上，該新任務載台設計方案的基本概念在於擴展現有海軍系統功能的貨櫃化 (Containerisation) 及標準化

(Standardisation) 等理念。依據現今各國海洋事務範圍應用所及，其真正尚待被探究者即是——SF-300 艦隊未來所能擔當的任務工作項目。在認為可執行的任務工作範圍中，將部份可被審慎考慮的任務及工作項目整理，歸納如下：

1. 海洋污染防治任務專用貨櫃——包括有攔油索、汲油器及貯油櫃等。

2. 住艙專用貨櫃——藉以容納超過正常編制數量的受訓人員。

3. 水文實驗室專用貨櫃。

4. 災害救助專用貨櫃——備有緊急應變裝備。

5. 醫療院所專用貨櫃。

6. 其他。

並且其可提供我海岸巡防署未來前瞻十五年發展計畫所需建置各式功能船艦時，本署所屬企畫、巡防、海務、通資、後勤及船務技術等各部門主管人員有所參考應用。

參考文獻

1. 吳東明，「歐盟二五○型巡邏艦研析」，第卅五卷第六期，海軍學術月刊，中華民國九十年六月，頁四八至五八。

2. 吳東明及劉德安，「沃斯普索尼克拉夫特專屬經濟區海域管理艦船型設計觀念介紹」，第九○八期，船舶與海運，中華民國九一年十月，頁五三至五八。

3. 吳東明及歐凌嘉，「深水計畫──提昇廿一世紀美國海岸防衛隊海域執法效能的關鍵」，第卅七卷第九期，海軍學術月刊，中華民國九二年九月，頁一四至二四。

4. Hansen, H.H., 'Standard Flex 300 - The True Multi-role Ship', Arahus Offset A/S, Denmark, December 1994.

5. Enggaard, K., 'A Programme Convenient for Political Planners - A Ministerial Comment', DANYARD, Denmark, March 1992.

6. Petersen, S.T., 'A New Concept - How the Programme Was Conceived and Implemented', DANYARD, Denmark, June 1992.

7. 'Containers-The Concept of Standardised Containers', CelsiusTech Systems AB, Sweden, September 1992.

8. 'A Flexible Platform - The Basic Ship and Its Construction', DANYARD, December 1992.

9. 'The Command, Control, Communications and Information System - The Electronic Backbone', TERMA Elektronik AS, Denmark, April 1993.

10. 吳立藩，「淺談電磁波頻譜及運用」，第卅五卷第九期，海軍學術月刊，中華民國九十年九月，頁六三至七○。

11. 'Roles - The Configurations chosen by the Royal Danish Navy', CelsiusTech

Systems AB, Sweden, August 1993.

12. Brock, K., 'Operating a Fleet of Standard Flex Units - Comments by Flag Officer Denmark', DNAYARD, November 1993.

13. 'Visions and Prospects - Elaborations on the Future Possibilities', DANYARD, March 1994.

14. 吳東明及黃銘仁，「美國海洋溢油應變公司建置應變處理能量的借鏡——溢油污染應變船型的設計建造與應用作業實務研析（上）」，第九卅七期，船舶與海運，中華民國九二年七月，頁二六九至二七八。

15. 吳東明及黃銘仁，「美國海洋溢油應變公司建置應變處理能量的借鏡——溢油污染應變船型的設計建造與應用作業實務研析（中）」，第九卅八期，船舶與海運，中華民國九二年八月，頁二七九至二八八。

16. 吳東明及黃銘仁，「美國海洋溢油應變公司建置應變處理能量的借鏡——溢油污染應變船型的設計建造與應用作業實務研析（下）」，第九卅九期，船舶與海運，中華民國九二年八月，頁二八九至二九四。

17. 吳東明及劉德安，「提亞哥斯級六○型海洋調查研究作業船船型設計」，第卅七卷第二期，海軍學術月刊，中華民國九二年二月，頁卅六至四八。

18. 吳東明及陳坤宗，「能在惡劣天候執勤的海巡救難艇船型設計」，第卅六卷第四期，海軍學術月刊，中華民國九一年四月，頁二六至卅二。

19. 吳東明及陳致延，「海洋希望號——現今先進科技醫療支援專用船型設計介紹」，第九二二期，船舶與海運，中華民國九二年三月，頁一五三至一五九。

第陸章

美國「深水計畫」的挑戰──整合海岸防衛隊設備系統的方法研析

摘要

在本論文中,將深入探討海岸防衛隊如何著手採購,建置其未來深水計畫系統,及整合海岸防衛隊設備系統如何競得該設備系統的籌獲工程合約。隨後將介紹歷史背景沿革,討論該深水計畫的籌獲內容,說明整合海岸防衛隊設備系統,並且定義該系統如何作出提議解決方案,諸如小艇、船艦、航空器、後勤支援、執勤作業概念,及指揮、管制、通信、電腦、情資、監視及偵蒐系統等的初始建造區段基塊,以明確定義所謂「多系統的系統」。同時討論「深水計畫」的優點及衝擊,快速檢視其未來發展的影響。目標結論即是些許武裝船舶明智部署於我國港灣入口,或可以應用較少預算經費,成就有益的執法崗哨效能。

一、前言

早在十八世紀時,美國財政部長亞歷山大·漢彌爾頓先生 (Mr. Alexander Hamilton) 即首先認定「深水系統」(Deepwater System) 將

是美國海岸防衛隊的核心要務。歷經二〇〇多年後，該整合深水系統 (Integrated Deepwater System; IDS) 正尋找擴充漢彌爾頓部長所倡導概念，朝著現今廿一世紀任務方向更緊密結合發展。現今建立現代化海岸防衛隊的需求目標業已充份發展，並且海岸防衛隊同仁獲得較其他行政系統所期待為多的人員設備資源。正如時勢變遷所見一般，於西元二〇〇二年六月廿四日，布希總統所作演說中，明白評論：『海岸防衛隊的「深水計畫」將可獲得一個為期多年的工程合約，以汰換取代性能老舊的船舶及航空器，並且提昇通信及分享資訊等效能。因此該整個計畫的終極目的在於向外擴展延伸我們的管轄海域疆界，藉以提供我們更多時間辨認威脅，及更多時間予以應變。』

於西元二〇〇二年六月廿五日，整合海岸防衛隊設備系統 (Integrated Coast Guard Systems; ICGS) 由洛克希德馬丁公司 (Lockheed Martin) 與諾梭歐普葛拉曼公司 (Northrop Grumman) 等企業集團所組成策略聯盟，以聯合投標方式，競標獲得該工程專案合約，以負責提供及支援美國海岸防衛隊的整合深水系統 (IDS) 計畫構想。事實上，由於此一工程專案結標授權確定，亦正式結束多年的產業高度競爭態勢，並且啟動一序列的設計、建造、測試安裝及管理等後續階段作業，以維續支援推展為期長達四十年的整合深水系統 (IDS)。因此海岸防衛隊及其整合海岸防衛隊設備系統 (ICGS) 的合約企業夥伴們，正將開始一個美國政府籌獲專案史上前所未有的長期合作夥伴關係。長期以來，海岸防衛隊總處於隨著扮演角色及任務範圍擴展的沈重壓力下，未來的工作成效

實繫於該深水計畫的未來建置成功與否,尤其是在國家行政優先順序考量的動態變動不已時局中。無論如何,該深水計畫的目標能量旨在於近海沿岸及離岸遠洋等海域環境中,確認及維持海岸防衛隊能適時存在執勤,並且進行必要的應變及處理等作為。

在本研究中,將深入探討海岸防衛隊如何著手採購建置其未來深水計畫系統,及整合海岸防衛隊設備系統 (ICGS) 如何競得該設備系統的籌獲工程合約。隨後將介紹歷史背景沿革,討論該深水計畫的籌獲內容,設明整合海岸防衛隊設備系統 (ICGS),並且定義該系統(ICGS)如何作出提議解決方案 (Proposed Solution),諸如小艇、船艦、航空器、後勤支援、執勤作業概念 (Concept of Operations; CONOPS),及指揮、管制、通信、電腦、情資、監視及偵蒐 (Command, Control, Communications, Computers, Intelligence, Surveillance, Reconnaissance; C4ISR) 系統等的初始建造區段基塊 (Initial Building Blocks),以明確定義所謂「多系統的系統」(A System of Systems)。同時討論「深水計畫」的優點及衝擊,快速檢視其未來發展的影響。尤其必須特別注意所謂「初始建造區段基塊」重點,當我們相信自身所提議解決方案為一個適宜現今的正確做法,因此其將與所有現今存在的機會與限制相形相生,並且該提議解決方案本身俱有原生可變彈性的,被設計於隨動態變化的任務,新科技、改變國家行政優先順序考量,及實際預算經費等因素,而同步不斷動態演進與適應。

二、深水計畫沿革

從字面上文意來說，「深水計畫」擁有二種意義，即由操作面而言，深水計畫與近海沿岸和離岸遠洋的勤務作業水域環境相關，需要延伸擴張執勤海域，或是增加遠洋巡防距離。另在遠洋深水海域內，海岸防衛隊賦有十四項的法定勤務作業任務。在本文中，將謹以深水計畫為主軸，簡明扼要的略述說明，海岸防衛隊以汰換高航程巡防艦 (High Endurance Cutter; WHEC) 及中航程巡防艦 (Medium Endurance Cutter; WMEC) 等艦隊為基礎策略的主要長期設備籌獲計畫。在西元一九九〇年代中期，正當任務分析報告及任務需要規範說明等籌獲計畫所必要文件進行發展階段時，若干重要考量議題被漸次開發，並且最終確認容納於該籌獲計畫中。至於這些一干關鍵議題概括有設備老舊與功能衰退、執勤能量限制、後勤需求、績效落差、國家需求及預算現況等，列舉分項略述如後。

1. 有關海岸防衛隊的主要傳承深水設備資產的設備老舊與功能衰退方面，尚不僅拘限於高航程巡防艦 (WHEC) 及中航程巡防艦 (WMEC) 等艦隊。另涵括所有超過 110 呎以上大型巡防艦及所有航空器等九型現役深水執勤設備資產的其中七型執法設備，均將於未來十五年內到達其設計的最大服役壽期。

2. 由於在不同時期中，針對不同目標用途所設計建置的設備資產，現今均已出現執勤能量限制，尤其是需要俱備效率及有效勤務作業

的指揮、管制、通信、電腦、情資、監視及偵蒐 (C4ISR) 等系統科技方面。在深水巡防艦的勤務運作經費支出中,將近三分之二為人事費用,並且現有設備資產亦極少有機會應用先進科技裝備,以有效降低船上編制人員的數量規模。

3. 另外,正如執勤裝備日漸老舊衰退,其相應後勤維修需求亦隨之增加;換句話說,較為老舊的系統正變得無力有效支援任務工作。

4. 執勤績效落差擴大問題是極為重要的課題。近幾年來,海岸防衛隊嘗試建立一套其執勤績效的分析基礎制度。同時在美國政府績效法 (Government Performance and Results Act; GPRA) 的強力驅策下,更是要求在此一行政領域,俱有更多的實質成效。美國海岸防衛隊已實質認知該如何有效達成目標,並且其結果證實現存的任務出勤天數與裝備可用時數間的執勤能量落差 (Gaps in Capacity),將正如巡防艦隊的服役年齡增加般逐漸惡化加劇。此外,根據諸多獨具遠見的專業研究成果顯示,在廿一世紀中,國家需要海岸防衛隊所提供服務項目將會日漸增加。

5. 最終,預算經費現況為一個關鍵議題。從歷史角度而言,每年平均的設備籌獲、建造及改善 (Acquisition, Construction and Improvement; AC&I) 項目編列預算約為美金 4 億到 8 億元,惟通常較接近其下限值,並且該深水計畫本身可能即消耗此一預算經費的主要部份。因此在預算經費取得過程方面,該設備籌獲策略必須擁有一全方位周延考量及切合實際的方法,以確保其可行性預算的成功編列。以前車之鑑,這會努力許多年才能完成,因此這意謂著爭取主要計畫可能持續

超過二十年，所以支援需得好好延長一段時間。

　　由於受到前述所提各項因素及若干其他因素等影響，加速產生重新建置海岸防衛隊的主要裝備資產之嶄新想法，藉以平衡其設備資產、執勤有效性、成本費用、不斷變動任務、新生先進科技及後勤支援等互動關係。最終，海岸防衛隊選擇一個以任務績效為基礎，並且以執勤能量為要素的裝備籌獲方法。總括而言，該「籌獲規範」內容說明涵括有超過 200 項以上系統層次的執勤能量部份，並且其勤務有效性表現將透過 66 項有效性評量 (Measures of Effectiveness; MOEs)，針對海岸防衛隊 14 個深水任務範圍，以進行全面性的績效評估作業。在海岸防衛隊的需求提案書 (Request for Proposal; RFP) 中說明：「政府將授與決標廠家此一工程專案合約，其提案書內容能提供，包括有執勤有效性 (Operational Effectiveness)、總費用成本 (Total Ownership Cost)、管理能量 (Management Capability) 及技術可行性 (Technical Feasibility) 等的最適價值。」無論如何，這是一個小問題，即該設備籌獲策略係為聯邦政府下最富創新與積極的籌獲專案之一，並且其實施的全面性成功將需要產業廠家及海岸防衛隊等攜手共同合作，在整體工作夥伴環境下，集中其協力資源，進而設計及建造一「多系統的系統」的設備資產系統。

　　事實上，該深水計畫概區分為兩大階段，即第一階段為進行深水計畫系統 (IDS) 的概念及機能設計 (Conceptual and Functional Design) 等工作；第二階段是於西元二○○二年六月廿五日工程決標後的建置實施深水計畫系統 (IDS) 作業。在為期 36 個月的深水計畫第一階段工作期

間中，三大產業聯盟團隊開發一系列在此高度競爭環境中，描述該深水計畫系統 (IDS) 概念的相關資料文件，並且透過一個高度結構化的海岸防衛隊與合約廠家交流議定書 (Communications Protocol)，以確認其公平正當性，同時激發更具創造力的思考模式。海岸防衛隊亦公佈兩份最高指導原則的籌獲計畫文件，即系統性能規範 (System Performance Specification; SPS)，及模式化與模擬主計畫 (Modeling and Simulation Master Plan; MSMP)。簡單地說，系統性能規範 (SPS) 是描述系統必需俱有那些特定能量，並且模式化與模擬主計畫 (MSMP) 提供廣泛現有任務及設備資產的背景數據資料，並且描述未來系統性能必需如何因應標準作業等，因此其將為產業廠家所提議的系統概念中，作業有效性的重要評估指標。

因此海岸防衛隊提供一套針對作業費用支出 (Operating Expense; OE)，與籌獲、建造及改善 (AC&I) 等預算的概念性資金供給分配表 (Notional Funding Profiles)。在該籌獲、建造及改善 (AC&I) 等預算資金分配表中，第一年預算資金額度為美金 3 億元，往後十九年間每年提供預算額度為美金 5 億元，至於每年作業費用支出資金額度在美金 10 億元以下，惟前述概估預算經費均以西元一九九八年財政年度預算美金 (Fiscal Year 98 Dollar) 為參考推演基礎。在此一支援資金分配限制內，該三大產業聯盟團隊必需於西元二〇〇一年九月前，各自遞交第二階段的提案書，以確保在合約有限期間內，完成包含完整細部設計、建造、測試安裝、管理及支援等系統問題的解決方案。另該深水計畫系統

的四大主要評估因素，以其重要性大小順序排列即為執勤有效性、總費用成本、管理能量及技術可行性等。並且在前述四大系統評估類別中，「風險」(Risk) 為一極為重要的次級因素，至於「目標與風險」(Reach versus Risk) 將變為解決問題方案的首要重點，如何在應用創新觀念及新生先進科技所沿生的挑戰與風險中，取得平衡點，以達成提昇績效與降低成本等目標前提。

三、整合海岸防衛隊設備系統的架構說明

為求符合此一深水計畫的設備籌獲專案挑戰，洛克希德馬丁公司 (Lockheed Martin) 及諾梭歐普葛拉曼公司 (Northrop Grumman) 等，以策略聯盟方式，建立一整合海岸防衛隊設備系統 (ICGS) 的合資公司，詳請參看表一所述。並且在建造及整合國家多數先進及有效的海軍功能載臺及船舶系統上，洛克希德馬丁公司 (Lockheed Martin) 與諾梭歐普葛拉曼轄下英格斯公司 (Northrop Grumman Ingalls) 等已有 30 年共同工作的成功歷史。事實上，在此計畫競標階段期間，諾梭歐普葛拉曼公司 (Northrop Grumman)、英格斯公司 (Ingalls) 及中國 (PRC) 等曾是互相結盟的工作團隊。該整合海岸防衛隊設備系統 (ICGS) 被評選為整合深水系統 (IDS) 第二階段的主要合約廠家，因為其能發展出最俱有能力及有效方法，以管理該大規模「多系統的系統」的整合計畫。這個管理哲學必須與海岸防衛隊結合形成工作夥伴關係，以共同管理該將從現有傳承

系統，轉型至未來嶄新整合深水系統 (IDS) 的二十年伴隨過渡時期之所有改變狀況。

表一　整合海岸防衛隊設備系統策略聯盟廠家團隊一覽表

I. LOCKHEED MARTIN	II. NORTHROP GRUMMAN SHIP SYSTEMS
ARINC	LM Management & Data Systems
Bell Agusta Aerospace Corporation	LM Technology Services
Bell Helicopter Textron	M. Rosenblatt & Sons
EADS CASA	Northrop Grumman Full Service Center
EADS Eurocopter	Northrop Grumman IT
Halter-Bollinger	PROSOFT
L3 Communications	United Defense, LP
Whitney, Bradley and Brown	Acquisition Logistics Engineering

（資料來源：Anderson, Burton, Palmquist, Watson, 1999）

　　整合海岸防衛隊設備系統 (ICGS) 系統不僅是由洛克希德馬丁公司 (Lockheed Martin) 與諾梭歐普葛拉曼公司 (Northrop Grumman) 等兩大產業廠家團隊所全權負責。因此在極為寬廣的任務範圍與技術深度環境中，該主要計畫的重大挑戰之一即確認有能力勝任產業廠家是否與海岸防衛隊間，成為良好的合作夥伴關係，以提供多樣變化需求的技術專家及能量，裨益成功執行整合海岸防衛隊設備系統 (ICGS)。在第一階段的工作全程期間，整合海岸防衛隊設備系統 (ICGS) 採行「開放商業模式」(Open Business Model) 構想，以選擇其他公司的專門技術及科技產品等。事實上，該開放模式概念即容許借由最小化的工作量分享保證

(Minimizing the Guarantee of Work Share)，以激發最大化的產業廠家間競爭行動，從而以最可負擔的價格費用 (Most Affordable Price)，獲得「最佳」的系統解決方案。當該解決方案發展成熟時，兩者相互間的合作關係即發生改變，並且另一更適當該專案工作的新合作關係亦隨之形成。但無論如何，即使最大程度的相互合作關係變動，其核心產業廠家工作團隊仍將持續保留不變。

該整合海岸防衛隊設備系統 (ICGS) 擁有全方位的大規模整合、艦艇建造及飛機製造等專門技術與知識，尤其重要的是海岸防衛隊人員所必需，得以成功執行所面臨的重大任務能量。另有相當份量的工作負荷被策重集中於延聘親近退休的海岸防衛隊人員，以擔任重要關鍵職務的位置，並且視為計畫專案諮詢顧問。無論如何，有效結合持續不斷鑽研工作努力，以深入確認所有提案意見，此一工作概念即確保充份瞭解海岸防衛隊所面臨的真實工作情況，及在整合深水系統 (IDS) 計畫上的真正需求。

四、整合海岸防衛隊設備系統的作業實務

整合海岸防衛隊設備系統 (ICGS) 從事海岸防衛隊的深水籌獲計畫專案，自始迄今已五年有餘。早在第一階段研擬海岸防衛隊需求提案書(RFP) 前，整合海岸防衛隊設備系統 (ICGS) 即開始投注龐大心力，以蒐集與該計畫及特定顧客等所需的相關資訊。聘用若干海岸防衛隊已

退休人員，組成其核心工作小組，並且採行極為自由的特許合約條件，召集參與此深水計畫工作，其用意旨在於：「尋找最佳人選，以協助我們深入瞭解海岸防衛隊及其所迫切需要。我們決心全力競標成功，並且提供海岸防衛隊最適可行的設備系統，因此我們相信全面性的瞭解顧客需求是極為重要的。」事實上，此一團隊合作的方法相當簡單，即是：「從雜亂油漬的下甲板至上層直昇機庫甲板棚，開始儘可能著手拜訪每個人和每個地方，多用你的耳朵傾聽所有聲音意見，尤其必須牢記的是海岸防衛隊亦如所有機關組織一般，充滿多元複雜的本質。」

　　至於該「探索實情」之旅足跡，被安排訪談遍及基層勤務作業站單位、駐地營區、區域管轄隊部、後勤司令部及海岸防衛隊總司令部等各層級機關。其主要目標在於：「聆聽、再用心聆聽，尤其是不預先妄下評斷，以便使所有意見想法，能如『落沙入盤』般可被充份接納，以實收集思廣義之功。」此次探索參訪活動亦提供我們團隊機會，以教育工作團隊同仁，深入瞭解當前任務內容及後勤支援需求等，並且評估現今海岸防衛隊的組織文化議題等。同時此活動不僅使整合海岸防衛隊設備系統 (ICGS) 團隊人員所作好全面準備，以便回應該深水計畫第一階段所需研擬的需求提案書 (RFP)，並且其亦深入瞭解客戶意向，那將會極為有助於推展系統工程化作業流程 (System Engineering Process) 及備妥相關計畫所需遞交圖說文件等。總括而言，整個工作團隊傾聽學習到諸多相關海岸防衛隊事務，並且其中若干項目有助建構我們決定作法的穩固基礎，詳列舉簡述如下。

1. 船艇為我們主要的執勤能量泉源。

2. 不要提供我們任何類似航空器般的龐然大物。

3. 提供我們能在海上航行執勤的船舶及應勤作業系統等。

4. 某地區指揮官表示：「提供我們俱備高度執勤能力的設備資產，且假若該設備真正優越的話，我們即有機會獲致更豐碩的執勤績效。」

5. 假若我們現役船舶所正執行工作，均少有符合其原本規畫用途，那麼可調度彈性極是關鍵要務。

6. 雖然軍旅服務應備一種特別權責任務，但其應不是一種強制犧牲概念，船上工作人員應可乘坐騎浪平穩的舒適船艇、與住家聯繫方便，及良好的工作環境等人性化待遇。

7. 勿使後勤支援工作成為一個緩不濟急的事後諸葛亮。

8. 我們的工作目標不是消滅敵人，因此我們需要擁有可供消遣休息的夜晚時間。

9. 改善跨機關協同作業能量，並且聯合勤務作業能量是極為根本的工作要務，我們已談論歷經許多年頭，讓我們開始身體力行吧。

10. 我們正漸入佳境地應用情資，有效支援我們的勤務作為，但是我們應可且必須做得更好。

正如諸多投注該計畫的所有努力的部份作為般，召集超過二十名退休海岸防衛隊人員的積極參與，惟我們應頗為清楚知道其所代表的是過去經驗，而非為將來保證。因此在該深水籌獲計畫案的限制範圍內

(Constraints of the Acquisition Process)，我們非常努力嚐試，從那些擁有更豐富現今實務經驗的人員中，蒐集彙整相關資訊，並且這些實務經驗總能清楚認知，以有效獲取工程專案合約為基礎，研擬整備籌獲計畫的相關圖樣文件等。至於在該深水計畫中，多系統的系統所提供總合之共同勤務作業能量構想，詳請參看圖一所述。

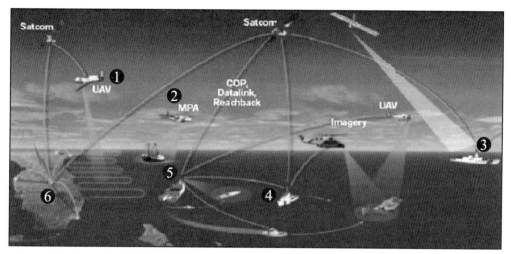

1. 高海拔耐航力無人操控航空載具的廣大區域監視作業 (HAE-UAV Wide-Area Surveillance)。2. 海域巡邏航空器執勤作業 (MPA Prosecution)。3. 國家保安巡防艦與國防部間的聯合勤務作業 (NSC Interoperability with DoD)。4. 多元設備資產聯合勤務作業 (Multi-Asset Operations)。5. 超海平面聯合勤務作業 (Over-the-Horizon Operations)。6. 岸基勤務指揮中心 (Shore-based Command Center)。

圖一　多系統的系統所提供總合之共同勤務作業能量構想
（資料來源：USCG Maritime Strategy for Homeland Security, 2002）

在深水計畫第一階段中，所提出初始遞交圖樣文件包括有計畫的起動引導控制、計畫限制的檢視 (Constraints Review)、選擇性替

代方案分析 (Analysis of Alternatives)，及一個可擔負供應的能力分析 (Affordability Analysis) 等作業成果。並且所有工作成果均期待能夠協助定義一套實際可行的選擇性替代方案，及集中所有心力於相關勤務作業有效性及費用成本等方面，所可能產生的重大議題與衝擊影響等。

在此一充滿競爭氣氛的環境中，亦提供充份完善的公開溝通機會，以使每一個工作團隊，可以竭力開發創新設計構想。並且必須充份瞭解，在深水計畫實施初期，現有傳承硬體設備仍將繼續服役沿用，同時依據產業廠商專業意見，以決定進行設備的功能升級或汰換等作業，當然該作業最終定案執行必需透過產業團隊與海岸防衛隊間的充份對話溝通討論。最終結果促使海岸防衛隊出版一個附帶指導的規範文件，即為「至 2002 年止傳承資產清冊」(Legacy Asset Baseline 2002)，至於其主要內容是向產業團隊說明海岸防衛隊的現役整合深水系統 (IDS) 設備，即涵括有 110 呎長及以上的所有白色巡防艦艇、所有航空器，及相關指管通情監偵系統 (C4ISR) 設備與其支援架構等。正如海岸防衛隊的需求提案書 (RFP) 所要求，該研提的整合深水系統 (IDS) 的設備功能表現不可較現役系統的計測功能數據為劣。因此，在設計定義新整合深水系統 (IDS) 設備的系統工程作業上，嚴密完備瞭解現役海岸防衛隊的傳承應勤設備是極為根本必要的。

在第一階段機能設計期間，其所推展的專案工作概括有若干重大可遞交文件項目，諸如 1. 勤務作業概念 (Concept of Operations; CONOPS)、整合工作主計畫 (Integrated Master Plan; IMP) 及整合工

作主日程表 (Integrated Master Schedule; IMS)、安裝測試實施計畫 (Implementation Plan; IP)、指管通情監偵系統 (C4ISR) 架構、水面及空中巡防設備資產設計作業（依據合約議定日期，應遞交不同詳細程度的圖樣文件）、所巡防資產設備的整合後勤支援計畫 (Integrated Support Plans; ISPs)、總合費用成本 (Total Ownership Cost; TOC) 及壽期年限的維養費用成本 (Life Cycle Costs; LCC) 等概算數據，及提供重要的模式化數據資料 (Modeling Data)，藉以支援勤務有效性的評估作業等。在第一階段專案工作中，更包括多次設計結果的反覆推演，通常在與海岸防衛隊人員進行計畫評估後，作成最終結論定奪。每一反覆推演所得設計結果均是以勤務有效性及費用成本等為評估要素，所呈現的「基礎構型」(Baseline Configuration) 成果。並且在實施各項評估作業間，若干「附加性內部作業基準」亦被逐步演繹發展出來，且會隨者系統工程設計螺旋作業程序 (Systems Engineering Design Spiral) 邏輯概念，繼續探尋更為適當方案。

　　在此一以效能表現為導向的設備籌獲計畫下，量度勤務有效性即確認計畫是否成功的重要關鍵，但無論如何，準確的量度必需透過模式化方法，藉以確實反映系統效能。至於欲有效將系統效能可以模式化呈現，我們必須清楚定義系統在「為何、何時、何處、如何」等條件下被應用。事實上，欲達到前述系統目標，必須擁有一全方位發展的勤務作業概念 (CONOPS)，其中包括有詳細的點對點安裝測試實施計畫，和系統資產設備的佈署時程表 (Deployment Schedules)，及所有資產設備 20

年使用壽限內的安裝執勤規畫。當然這不是一件小型專案任務工作，其必需對現今海岸防衛隊的法定任務、施政策略及戰術方法等均有深度的瞭解。至於該勤務作業概念 (CONOPS) 能順利發展成功的關鍵在於，對所有海岸防衛隊的任務所共通必需之監視、偵察、分類、辨識及執行 (Surveillance, Detection, Classification, Identification and Prosecution; SDCIP) 等一系列作業流程，應有透徹深切的瞭解。正如軍事指揮官經常談及「戰場殲滅行動作業鏈」(Kill Chain) 般，對於大多數海岸防衛隊的任務執行，即透過監視、偵察、分類、辨識及執行作業鏈 (SDCIP Chain)，應用船艇、航空器或是登檢團隊人員等，作為終結行動的最後使用「武器」。亦如一位海岸防衛隊指揮官向我們強調：「船艇為我們主要的執勤能量泉源。」無論如何，各參與競標的產業團隊均擁有完全獨立性，以架構其個別所研擬有關達到「監視、偵察、分類、辨識及執行作業鏈」(SDCIP Chain) 的規畫方案，並且在各個階段中，擇用適當的系統設備。譬如說，其可能選擇採用一全衛星作業方法，以進行監視任務，亦因此必須建議擇用衛星系統設備，以滿足前述監視功能需求。

現今一個精密複雜的模式也已研究開發，依據海岸防衛隊所制訂模式化與模擬主計畫 (MSMP) 的規範標準，以量度系統性能表現，並且深入瞭解這些系統資產的執勤能量缺失，「監視、偵察、分類、辨識及執行作業」(SDCIP) 的障礙衝突，或是否會產生局部的不順暢平衡情況等。根據系統模式化所產出結果，研判調整改變系統設計的作業程序，即遵循正常作業辦理，諸如與海岸防衛隊技術協助團隊 (Coast Guard

Technical Assistance Teams) 進行週期性互動討論，及提交設計觀念給海岸防衛隊的週期性的正式中間計畫檢視 (Periodical Formal Interim Program Review) 等。總括而言，每一序列步驟工作成果底線均代表整個系統提案的再一次精鍊提昇，當然總是達到最大勤務有效性及最小費用成本 (TOC) 的終極目標。對於產業團隊的系統工程流程作業最為重要的，即是斟酌取捨研究 (Trade Studies) 及額外附加分析 (Additional Analysis) 等工作，以有效支援設計概念。至於其中若干重大工作事例，諸如海域巡邏航空器的擇用、巡邏艇、水面整合力量、船艉斜面滑道及航空支援的船舶運動、船員工作負荷及疲勞研究，以支持船員編制規模的建議、可替代性船員概念等，詳分項列舉說明如下：

1. 海域巡邏航空器的擇用

在必需認清節省費用成本及改善勤務有效性的機遇前提下，許多「備用候選」航空器機型被審慎評估，以為傳承定翼式巡邏航空器 (Fixed-wing Patrol Aircraft) 的擇用方案。經由一審慎嚴密的勤務有效性及費用成本等分析作業後，最終決定 CASA 235 型輕型航空器為海域巡邏航空器的最佳選擇對象，並且藉以汰換替代現有傳承 HU-25s 型及多數 HC-130s 型等航空器的空中偵察任務角色。

2. 巡邏艇

倘若海岸防衛隊沒有巡邏艇，那是完全無法想像的。總括來說，長達四十年間的巡邏船艇性能需求，是無法從一代巡邏船艇設計性能中得到充份滿足的。在正規預算經費限制額度內，並且結合儘早改善船況的

強烈需求等雙重衝擊下，即激發出更新現役 110 呎巡邏艇 (WPBs) 的戲劇性改善住艙環境之修建觀念。即為將巡邏艇加長 13 呎，並且在船艉建造一斜面滑道 (Stern Ramp)，以利小艇收放作業。這些功能提昇工作將迅速完成，並且這批經由功能提昇的白色巡防艇，將會持續服勤直到計畫中的接續新型設計船艇出現後，才有可能被汰換除役。同時產業團隊成員柏林格公司 (Bollinger) 將率先導入工作能量，配合當 87 呎巡邏艇計畫完成時，將擔負供應海岸防衛隊的所有巡邏艇。

3. 水面整合力量

當海岸防衛隊的需求提案書 (RFP) 內容允許相當程度彈性的推薦資產設備建置構想，因此其特別提案需要籌獲一個具體定義俱備若干特徵性能的國家安全巡邏艦 (National Security Cutter; NSC)。並且在模式化與模擬主計畫 (MSMP) 的國家防衛模擬情境 (National Defense Scenarios) 需求方案中，國家安全巡邏艦及巡邏艇等船型所俱備海巡能量必須等於或大於現役 110 呎巡邏艇 (WPB) 能量。在實務作業中，水面資產設備為海巡「監視、偵察、分類、辨識及執行作業鏈」(SDCIP Chain) 的關鍵要素，尤其是在「執行」(P) 層面上。當工作團隊檢視航空設備佈署方案後，亦發現仍有若干可能精進空間，但是其中缺乏任何突破性的尖端應用科技設備，因此我們斷定結合水面及航空等資產設備即是整合深水系統 (IDS) 方案的最佳出發點。無論如何，這般結論一點也不令人驚訝，因為此一作業流程即為必要步驟，以確認所有可能的替代方案，均已被審慎檢視過。事實上，國家安全巡邏艦的籌建數

量即是直接牽動水面資產設備的經營費用成本。根據模式化與模擬主計畫 (MSMP) 的使用需求規範顯示，確認八艘國家安全巡邏艦為迫切需要數量。因此我們開始從事概念性地調查比較與其他國家安全巡邏艦 (NSCs) 及巡邏艇 (WPBs) 等數量組合，但基於費用成本或是勤務有效性等考量，發現所有結果均未通過檢核。我們需要價格較國家安全巡邏艦 (NSCs) 為便宜的巡邏艇，以銜接國家安全巡邏艦 (NSCs) 與巡邏艇 (WPBs) 間的設備替換間隙，即能提供良好續航力、俱備直昇機起降能量、垂直起降式無人操控航空載具 (VUAVs)、小艇及多元功能的指揮、管制、通信、電腦、情資、監視及偵蒐 (C4ISR) 系統裝備。至於此一第三種類型的巡邏艇即為離岸巡邏艇 (Offshore Patrol Cutter; OPC)，在其基本非國防考量的海岸防衛隊任務性能表現上，根本與國家安全巡邏艦毫無差異。

4. 船艉斜面滑道及航空支援的船舶運動

成功設計使用船艉斜面滑道，以支援小艇吊放及回收作業已獲得良好的記錄成果，尤其是如海岸防衛隊 87 呎巡邏艇 (CPB) 般的較小型船艇。為求證實此一設計概念可同等有效適用於較大型船艦，整個工作團隊在不同海況下進行的全面性船舶運動研究工作，藉以再行確認此一設計概念，並且配合此一船舶設計構想，有效降低相關風險機會。同時這些船舶運動研究工作亦提供諸多有價值的船舶穩度方面資訊，尤其是在船舶甲板上航空器起降作業狀況 (Ship Board Aviation Operations)。

5. 船員工作負荷及疲勞研究，以支持船員編制規模的建議

對於有效降低勤務作業支出費用的重要關鍵，即是如果可能的話，減少船員編制規模，並且此項分析結果即必須證實，其能在順利執行所有法定任務情況下，確實足夠操控一艘船艇的船員編制規模 (Operating Crew Size)。

6. 可替代性船員概念

在斟酌取捨的研究概念下，多種船員替代性方案被審慎評估，並且採用大約較正常船上工作人數多百分之二十的擴充船員概念 (Augmented Crew Concept)，總括而言是顯得較俱有吸引力的。此一構想做法即容許將海岸巡防艇的出勤天數及船員的工作天數等因素分開考量，因此以現有勤務水準而言，此一方案可增加巡邏艇離開母港的出勤天數，達到巡防艇能實質增加勤務效能，而無需增加船員的工作天數。

五、整合海岸防衛隊設備系統的深水計畫解決方案

該提案籌置系統即代表整合海岸防衛隊設備系統 (ICGS)，針對備妥現今籌獲文件內容中的需求提案書 (RFP) 之最佳回應方案。並且該籌置系統亦切合最大勤務有效性及最小總合費用成本的計畫總合目標。正如先前所述，海岸防衛隊提供在籌獲、建造及改善 (AC&I) 及作業費用支出 (OE) 等計畫預算的概念性資金供給分配表，並且在資金供給分配規畫限制下，該研發工作團隊亦必須進行作業，以發展出其最適建置方案。其可能造成最終系統結果的影響遠超過其他任何單一設備需求的

規畫。假設沒有那些資金供給限制的話，尤其是每年預算經費平均分配條件下，很可能得到一個更好勤務有效性及更低總合費用成本的不同結果。就事論事而言，該所提出的建置方案應可被視為在現今主客觀限制條件上，所規劃出來的最適設計成果。無論如何，這個系統設計文件均有可能，並且非常可能會隨時間而有所變更。因此這一挑戰的本質即是創造一個擁有充份彈性的系統及管理作業流程，藉以隨新生系統規範要求而因應調整。並且該系統籌獲作業流程的最終產出成果即是一套功能卓越的應用工具，可藉以比較出因計畫變動，所導致各項影響情形。

整合海岸防衛隊設備系統 (ICGS) 的管理哲學概念充份深植於海岸防衛隊各階層的全程參與人員及工作夥伴，並且擁有正確恰當的工作人員、作業流程及應用工具，以完成該系統設計任務。洛克希德馬丁公司 (Lockheed Martin) 與諾梭歐普葛拉曼公司 (Northrop Grumman) 共同組成整合海岸防衛隊設備系統 (ICGS) 的策略聯盟合資企業，以求提供海岸防衛隊有關所有整合深水系統 (IDS) 運作的單一工作窗口 (Single-point Accountability)，並且直接逕行聯合系統整合及船舶建造產業組織等工作。因此在第一階段工作的關鍵領導人士勢將成為該策略聯盟合資公司領導成員的核心人士。

關鍵管理作業流程必須依靠適當的資料文件以作為支持。至於所謂適當資料文件即涵括有整合管理計畫 (Integrated Management Plan)，及一併訂定所有合約全新的作業流程和計畫日程表的整合計畫主日程 (Integrated Master Schedule)。專案任務及交辦事項命令 (Task and

Delivery Order) 的管理即定義所有工作領域參數，以有效支援任務遂行。在計畫的最初五年內，即包括有各別工作說明及超過 150 項交付任務命令，其中在第一年中即有 39 項詳細的工作計畫 (Work Plan) 備妥完成。計畫控管應用風險管理計畫 (Risk Management Plan)、下游合約廠商管理計畫 (Subcontractor Management Plan) 及獲利管理系統 (Earned Value Management System) 等，以確保系統可安全順利運作推展。至於有效支援所有管理活動所應用工具，即包括一個可顯示程式功能的「數位儀表板」、現場執勤和各專案層級的實施作業模式，及斟酌取捨研究的整合服勤生涯壽期費用成本 (Integrated Life Cycle Cost) 等功能，詳請參看圖二所示。

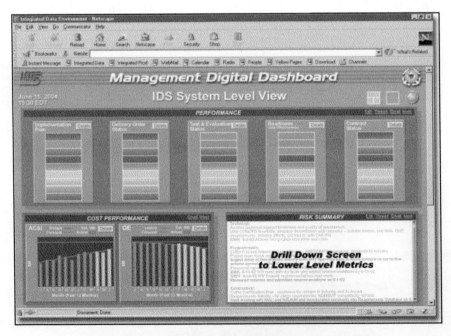

圖二　整合深水計畫的系統管理數位儀表顯示板
（資料來源：E. Gilbert and G.R. McGuffin, 2002）

該整合深水系統 (IDS) 的建議提案內容組成涵括有四大部份，即 1. 傳承系統設備的功能升級作業。2. 指揮、管制、通信、電腦、情資、監視及偵蒐 (C4ISR) 系統。3. 新系統資產設備。4. 整合服勤作業。至於各分項內容詳述如後：

(一)傳承系統設備的功能升級作業

　　主要傳承設備的功能升級工作項目包括有 49 艘 110 呎巡邏艇的 15 年服勤壽期延展 (Service Life Extension) 工程。並且其主要功能提昇的工作項目即包括有增加船長至 123 呎，以供船艉加裝斜面滑道，設置新式駕駛艙、改善住艙環境，及依據需要，替換船殼外板結構等。若干傳承巡防艦將被配置標準攔阻外國移民行動 (Alien Migrant Interdiction Operations; AMIO) 的遮蔽艙及附帶裝備等，以有效支援垂直起降式無人操控航空載具 (VUAV) 的執勤行動。另感測器及通訊系統亦將進行功能升級作業，並且加強通訊品質、聯合執勤能力及偵查能量等。一內建輸入安全系統 (In-port Security System) 將會執行自動監控及支援防護等作業。

　　現役使用的 HH-65 型直昇機將會進行一重要的中壽期設備性能升級工程，藉以成為能提供多重任務應用的多目標任務艦載直昇機 (Multi-mission Cutter Helicopter; MCH)，並且該項裝備性能提昇工程將利用最先進的尖瑞科技產品，進而增加執行任務的作業能量。至於現役使用 HC-130 型航空器被期望尚能維持一段服勤期限，亦將進行指揮管

制系統的性能升級工程。無論如何，正如同前述所提，現今我們所提計畫方案內容即是依據該籌獲計畫初期所研提文件的啟動出發步驟而已。在此一設備籌獲計畫實施期間，許多事情將會陸續發生，最終都將會被全然融合成一體。舉例來說，部份從海岸防衛隊預算外所提供支援資金經費，將使其額外擁有 6 架 C-130J 型航空器資產設備。很明顯地，這些設備最終均將成為整合深水系統 (IDS) 的一部份。

(二)指揮、管制、通信、電腦、情資、監視及偵蒐 (C4ISR) 系統

一個獨立的指揮、管制、通信、電腦、情資、監視及偵蒐 (C4ISR) 系統架構被定義為，擁有感測器、通訊、基礎設施、武器的聯合勤務作業能量與整合設備作業功能，及其後勤支援系統等。該整合深水系統 (IDS) 資產的指揮與管制 (C2) 設備及岸際設備提供海岸防衛隊，一個共同作戰全景 (COP) 概念，詳請參見圖三所示。並且在該指揮、管制、通信、電腦、情資、監視及偵蒐 (C4ISR) 系統中，應用模組化系統要素構想，以便易於進行設備性能升級，及涵括有裝備共通性，以減少設備維修保養與應用訓練等需求。該籌獲合約計畫內容強制規定儘最大可能採用民間商業規範 (Commercial Off The Shelf; COTS)、政府公用規範 (Governmental Off The Shelf; GOTS) 及非正開發中規範項目 (Non Developmental Items; NDI) 等設備產品。至於結合應用該指揮、管制、通信、電腦、情資、監視及偵蒐 (C4ISR) 系統所得的關鍵勤務能量及優點等，概有：

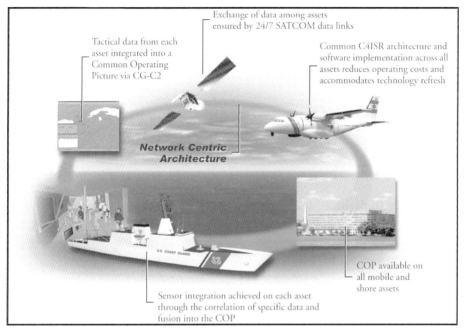

1. 從每艘海域巡防艦上所蒐集偵測情資，透過特定數據資料彙整技術，匯入共同作戰全景中。2. 所有海巡設備資產的共同 C4ISR 系統架構及應用軟體設置工作，確實降低勤務運作成本，亦促進科技更新適用速度。3. 所有海巡設備資產的情報資訊交換保安作業均透過 24/7 SATCOM 衛星數據傳輸鏈線系統實施。4. 所有海巡設備資產的戰術資訊均透過 CG-C2 系統，被彙集匯入共同作戰全景中。5. 該共同作戰全景可供所有海巡移動及固定設備資產共同使用。

圖三　整合深水計畫的網路中心指揮管制系統架構

（資料來源：E. Gilbert and G.R. McGuffin, 2002）

1. 全面整合

指揮、管制及電腦等與所有感測器、通訊及傳承設備界面間，進行全面整合工程作業。並且此一全面整合工程可有效連結各可移動及岸際

固定等資產設備，藉以執行指揮管制 (C2) 及後勤支援等勤務作業。由於戰略、戰術及管理等資訊可以容易擷取獲得，因此亦強化海洋感知範圍 (Maritime Domain Awareness)。

2.通訊可靠性

通訊系統是應用以現有公開流通的科技為主，涵括國際海事衛星 (INMARSAT)，及容許寬頻、可靠性，及視線 (Line of Sight; LOS) 與超海平面 (Over the Horizon; OTH) 等勤務作業的整合通訊能量。

3.改善通聯性能

透過改善通聯性能，以強化與外部單位的情資共享品質，並且最終該情報資料被整合匯入共同作戰全景 (COP) 中。另外，整合海岸防衛隊設備系統 (ICGS) 計畫在第一個五年期內，內部投資研究開發一個戰術情資中心 (Tactical Intelligence Center)。

4. 應用最新市場偵察系統

應用最新雷達 (Radar)、光電 (Electro-Optical; EO) 及前視紅外線 (Forward-looking Infrared; FLIR) 等市場科技的偵察系統產品，藉以提昇監視 (Surveillance) 與偵蒐 (Reconnaissance) 等功能，並且裝設於海面與航空的載具平臺 (Surface and Aviation Platforms) 上，進而匯集饋入該共同作戰全景 (COP) 中。

(三)新系統資產設備

在該整合深水系統 (IDS) 下，所規畫籌獲的新式資產設備將在未來

20 年內逐步採用及設置完成，詳請參看表二及表三等所述。至於結合應用水面艦艇資產設備所得的關鍵勤務能量提昇及優點等，概有：

　　1. 三種新式巡邏艦艇設計船型，從船底龍骨結構至滿足美國海岸防衛隊的法定任務，擴大勤務作業、裝備、訓練及後勤等共通性，及降低設計與建造的成本費用。

　　2. 增加巡邏艦艇上艇員編制數量，在不增加每一艇員遠離母港天數的情況下，增加超過 25% 的任務執勤天數。

　　3. 設置在國家保安巡防艦 (NSC) 及離岸遠洋巡防艦 (OPC) 上的可相互更換任務模組配備，強化其適合任務需要的靈活彈性。另所有海巡艦艇均設置船艉斜面滑道及 123 呎巡邏艇 (WPBs) 性能升級工程作業，增強小艇的吊放與回收作業能力，並且有效減少船上工作人員數量，詳請參看圖四所示。

　　4. 透過系統的自動化及設計等方式，可達成全面減少 30% 國家保安巡防艦 (NSC) 及離岸遠洋巡防艦 (OPC) 的船員編制數量，相較於原先傳承主要巡邏艦艇而言，可降低勤務作業成本費用。

　　5. 設計 360 度的寬廣視角駕駛臺觀測窗，可增加艦艇操縱的預知性及安全性。

　　6. 顯著改善船上居住環境品質，即包括二人及四人用住艙寢室、健身中心、交誼廳及訓練中心等。

　　7. 兩性併用的住宿設施規畫，使得船上工作人員調派更俱彈性。

　　8. 系統自動化設計規畫，減少值班人員的工作負荷。

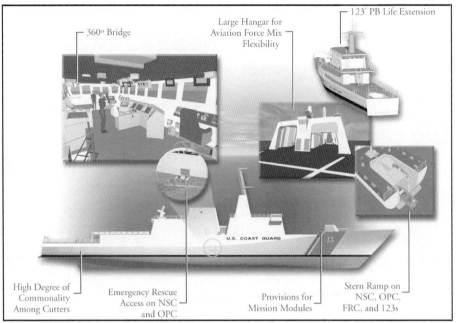

1. 全方位 360 度視野的駕駛臺設計。2. 與其他巡防艦設計俱有高度共通性功能。3. 俱備專用任務功能模組調整設計。4. 俱有供航空巡防能量調度彈性的大型機庫設施。5. NSC/OPC 艦上備有緊急救援進出通道設計。6. 巡邏艇延長壽期設計。7. NSC/OPC/FRC/PB 艦艇的船艉滑道設計。

圖四　深水計畫的海域巡防艦艇設計功能提昇構想
（資料來源：E. Gilbert and G.R. McGuffin, 2002）

9. 設置在國家保安巡防艦 (NSC) 上的柴油機/氣渦輪機併用組合主機 (Combination of Diesel Engine and Gas Turbine; CODAG)，增進 26% 燃料使用效率。

10. 在惡劣海況狀態下，艦艇穩定系統能使小艇及空中作業等順利實施。

表二　深水系統計畫的海域巡防艦艇設備資產構想

設備資產種類	籌建數量（艘）	性能特徵	計畫服役時程（年）
1.國家保安巡防艦 (NSC)	8	425 呎長、3686 長噸、最大航速 28 節、船員 82 人、床位 94 個、備有穩定翼、50 機槍	2006-2013
2.離岸遠洋巡防艦 (OPC)	25	341 呎長、2921 長噸、最大航速 22 節、船員 73 人、床位 94 個、備有穩定翼、50 機槍	2012-2022
3.快速反應巡防艦 (FRC)	58	130 呎長、198 長噸、最大航速 30 節、船員 15 人、床位 19 個、備有穩定翼、50 機槍	2018-2022
4.長程阻截巡防艇 (LRI)	42	11 公尺長、船速 45 節、乘載 14 人	2006-2022
5.短程查緝巡防艇 (SRP)	82	7 公尺長、船速 36 節、乘載 10 人	2003-2021

（備註：NSC-National Security Cutter; OPC-Offshore Patrol Cutter; FRC-Fast Response Cutter; LRI-Long Range Interceptor; SRP- Short Range Prosecutor）

（資料來源：E. Gilbert and G.R. McGuffin, 2002）

11. 在國家保安巡防艦 (NSC) 及離岸遠洋巡防艦 (OPC) 上，開設有緊急救援進出通道門 (Emergency Rescue Access Doors)，以改善人員的海上轉運作業效能。

12. 具有一座寬敞且可供搭載兩架直昇機的航空機庫設施，可容許統合彈性調度直昇機及垂直起降式無人操控航空載具 (VUAV) 等空中偵巡力量。

13. 長程阻截巡防艇 (LRI) 所配置的通訊、感測器及航海等設備，可擴充其在海平面上的勤務執行能量。

至於結合應用航空資產設備所得的關鍵勤務能量提昇及優點者概有：

1. 擁有夜間及全氣候功能的雷達、光電及紅外線 (EO/IR) 等感測器之勤務作業能量。

2. 巡邏艦載垂直起降式無人操控航空載具 (VUAV) 提供非常低廉費用成本的速度、航程及續航力等勤務需求功能，並且大幅增加巡邏艦的感官航空偵巡能量 (Organic Aviation Capability)，參見圖五所述。

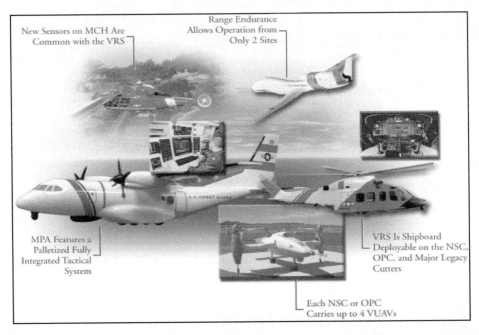

1. MPA巡防航空器俱有全面批次整合戰術功能系統。2. 每艘 NSC/OPC 巡防艦可搭載至多四架 VUAV 無人操控航空載具。3. VRS偵察航空器可配載於 NSC/OPC 巡防艦上。4. MCH 艦載直昇機所設置監測器可與 VRS 偵察航空器者共通應用。5. HAEUAV 高海拔耐航無人操控航空載具僅可由特定兩處基地施放執勤。

圖五　深水系統計畫的海域巡防航空器設備功能佈署構想
（資料來源：E. Gilbert and G.R. McGuffin, 2002）

3. 在海域環境執勤中，海域巡防航空器 (MPA) 效能已被證實，並且在與 HC-130 型或 HU-25 型等航空器效能相評比下，可以明顯較低費用成本條件，擁有較多的飛行工作時數。

4. 將現役 HH-65 型傳承航空器性能升級由多目標任務艦載直昇機 (MCH) 替代方案，即代表一實質與垂直降落式海域偵察航空器 (VRS) 俱有共通航空概念的新型航空器擇用方案。

5. 遠距離、寬闊廣大及多目標功能的監視海域任務可由每次長達 30 小時空偵時數的高海拔耐航力無人操控航空載具 (HAEUAV) 擔任。

(四)整合服勤作業

利用該「多系統的系統」(A System-of-Systems) 的作業方法，系統工程與整合 (System Engineering and Integration)，及整合後勤支援 (Integrated Logistic Support) 等即是確保系統妥善率及性能表現的重要產物。無論如何，欲達成此一任務目標，需要海岸防衛隊 (USCG) 與整合海岸防衛隊設備系統 (ICGS) 間，特別加強協調合作。同時該整合海岸防衛隊設備系統 (ICGS) 將必須負責平行支援新置設備及部份現役傳承設備等，並且在可應用商業作業方式的適當改善機會時機，審慎整合該新置設備與非深水計畫中的現有海岸防衛隊系統等。當整合海岸防衛隊設備系統 (ICGS) 規劃設計其作業方案時，在深水計畫系統與非深水計畫系統間的相互搭配妥協關係，被投入特別關注。該整合深水系統 (IDS) 的解決方案耗費不及海岸防衛隊執勤經費的三分之一，並且其所

應用人數亦少於現今執勤人數的四分之一。因此非常明顯的是，此兩種新舊系統將需要審慎妥協調和為宜。至於其主要功能特徵概有：

表三　深水系統計畫的海域巡防航空器設備資產構想

設備資產種類	籌建數量（架）	性能特徵	計畫服役時程（年）
1. 海域巡防航空器 (MPA)	35	EADS CASA HC-235 機型 航程 3,055 浬、最大航速 235 哩/時、巡航速度 208 哩/時、年飛行時數 1,200 小時	2005-2012
2. 垂直起降式無人操控航空載具 (VUAV)	69	Bell HV-911 Eagle Eye Tiltrotor 機型 航程 750 浬、最大航速 220 哩/時、巡航速度 157 哩/時、年飛行時數 1,200 小時	2006-2018
3. 垂直降落式海域偵察航空器 (VRS)	34	Agusta-Bell AB139 機型 航程 511 浬、最大航速 165 哩/時、巡航速度 155 哩/時、年飛行時數 800 小時	2014-2022
4. 多目標任務艦載直昇機 (MCH)	93	EADS HH-65X 機型 航程 420 浬、最大航速 165 哩/時、巡航速度 145 哩/時、年飛行時數 700 小時	2007-2013
5. 高海拔耐航力無人操控航空載具 (HAEUAV)	7	Northrop Grumman RQ-4A 機型 航程超過 30 小時、最大航速 343 哩/時、巡航速度 343 哩/時、年飛行時數 2,300 小時	2016

（備註：MPA-Maritime Patrol Aircraft; VUAV-Vertical Takeoff and Landing (VTOL) Unmanned Air Vehicle; VRS-Vertical Recovery and Surveillance Aircraft; MCH-Multi-Mission Cutter Helicopter; HAEUAV-High Altitude Endurance Unmanned Air Vehicle）

（資料來源：E. Gilbert and G.R. McGuffin, 2002）

1. 後勤資訊管理系統 (Logistics Information management System; LIMS) 設置於所有深水計畫的巡邏艇上，其涵括有大多數功能載具平臺、岸勤作業、指管通電 (C4)、後勤支援設施、整合所有維保、訓練、人員及補給等後勤資料數據。並且該後勤資訊管理系統 (LIMS) 亦將與部份現存的傳承後勤系統，進行協調整合作業。

2. 任務能量評估系統 (Mission Capability Assessment System; MCAS) 與後勤資訊管理系統 (LIMS) 互相結合，以提供所有各階層勤務指揮官，有效進行其作業力量的立即準備評估作業 (Immediate Readiness Assessments)。

3. 供給作業的支援是依賴擁有 65% 裝備供應廠商為基礎，並且以性能表現為基準的後勤制度之設置實施，亦與維保及合約廠商等策略互相整合。透過合約廠商支援及整體資產設備透明化等作業，有效降低庫存料件數量。

4. 以可靠度為基礎的維保哲學 (Reliability-based Monitoring Philosophy) 概念，是應用機具運轉狀態為基礎 (Condition-based) 的監視及維保等作業，尤其以重大關鍵失策錯誤的應變處理最為優先重要。並且必需進行修復工程，以保持全面維保妥善率的次數亦呈減少趨勢。至於可供進行機具維保工作的輔助設備，諸如個人數位輔助機 (PDA) 等已被廣泛使用，詳請參見圖六所述。

5. 透過適時適切的科技更新與注入，及減少工程的改變調整時間等，以達成現代化目標。

6. 訓練工作的提昇型態，包括有遠距學習及電腦機上訓練等。

　　海岸防衛隊和所有合約廠商共同分享，可供全面進出擷取應用的構型及資料管理 (Configuration/Data Management; CM/DM) 系統。並且該共通、跨系統化的構型及資料管理 (CM/DM) 系統即意味—資料經發展且多次重複使用，因此可有效節省在傳統作業過程上的開發成本費用。

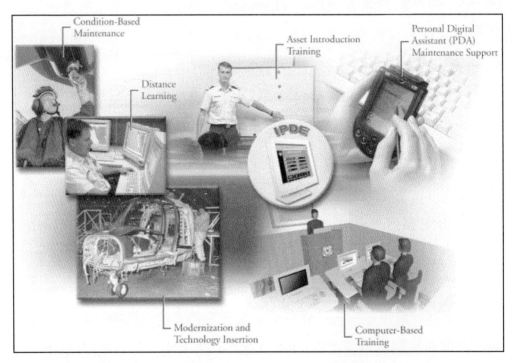

1. 遠距教學作業。2. 設備資產介紹訓練作業。3. 電腦輔助訓練作業。4. 個人數位輔助機 (PDA) 維修支援作業。5. 機具運轉狀態監測維修作業。6. 裝備現代化及新生科技融入應用作業。

圖六　深水計畫的系統工程整合及整體後勤支援等作業架構
（資料來源：E. Gilbert and G.R. McGuffin, 2002）

六、「深水計畫」的優點與衝擊

在為期 20 年間的整合深水系統 (IDS) 設置實踐中，整合海岸防衛隊設備系統 (ICGS) 提供勤務作業有效性的穩定增加及作業費用支出的均勻減少。在第一個 5 年為期合約中，相較於先前傳承系統，現行設計方案產生明顯重大效益。在此一作業期間內，第一艘國家保安巡防艦 (NSC) 被介紹出來，並且被設計從船底龍骨結構至滿足海岸防衛隊的任務需求，諸如新型無人操控空中載具、海域巡防航空器 (MPA)，及實施 15 年延壽工程的 110 呎巡邏艇 (WPB)。同時在與現役應勤系統相比較而論，該為期 20 年的計畫系統設置實踐工作，可提供在每小時較低執勤作業成本情況下，增加更多有效執行任務時間。在海岸防衛隊資源提案書 (Coast Guard Resource Proposals) 中，所規劃資產設備功能升級工作的及早整合，將確認現役海上艦隊及空中機群等傳承設備將持續使用，以便容許新型設備，可適時從容籌獲設置完成。因此在第一個五年合約期間內，勢將極為忙碌。正如先前所提，在第一個 5 年內，將有依循第 1 年產生的 39 套工作圖樣 (Work Plans)，製作超過 150 項裝備採購遞交訂單等，詳請參看表四所述。隨後若干重大工作事項將會發生，分項敘述如下：

表四　整合深水計畫第一個五年期內所可提供的執勤能量相關數據

Strengths Delivered in First 5 Years

- *SLEP of 25 110s to 123s beginning in year 2*
- *12 MPAs beginning in year 4*
- *8 VUAVs beginning in year 5*
- *NSC delivered in year 5*
- *1st C4ISR increment in year 4*
- *40% of operational HU-25 aircraft retired to reduce OE*
- *Increased surface / air OPTEMPO providing improved performance*

1. 第二年開始進行巡邏艇加長工程。2. 第四年開始籌置 12 架海域巡防航空器。3. 第五年開始籌置 8 架垂直起降式無人操控航空載具。4. 第五年第一艘國家保安巡防艦交船。5. 第四年完成第一階段 C4ISR 系統提昇工程。6. 現今 40%HU-25 航空器除役減少作業支出經費。7. 增加海空執勤工作時數提昇勤務效能。

（資料來源：E. Gilbert and G.R. McGuffin, 2002）

1. 完成將 110 呎巡邏艇加長至 123 呎的細部設計及性能升級作業，並且從二〇〇二會計年度開始進行第一艘巡邏艇改裝工程，在第一個五年內完成為數 25 艘巡邏艇的改裝工程作業。總括而言，該改裝工程提供更有效率的船艇勤務作業，諸如增設船艉斜面滑道及新型小艇、駕駛艙性能升級、整合感測器、通訊及指揮與管制 (C2) 系統，並且強化住艙環境品質等。

2. 在初始第一年間，更新升級 6 艘遠航程巡防艦 (WHEC) 的指揮與管制 (C2) 及通訊系統性能，以支援國際海事衛星系統

(INMARSAT)、自動辨識系統 (AIS)，及登艇團隊設備，以改進提昇勤務作為。

3. 調整海域巡防航空器 (MPA)，以符合海岸防衛隊的任務需求，其中包括有增加燃油艙容量、任務感測器及有關通訊系統套件等，並且自第四年起，交付 12 架海域巡防航空器 (MPA)。

4. 進行且精修國家保安巡防艦 (NSC) 的細部設計作業，並且進行推進系統、作戰系統、存活能力、後勤需求、小艇選擇及系統整合等斟酌研究與分析。在第一個五年間，預先開列需要長前置時間的裝備物料訂單，並且交付第一艘國家保安巡防艦 (NSC)。

5. 精修海岸防衛隊通用指揮與管制 (C2) 系統的設計工作，並且在第四年交付第一階段強化功能的指揮、管制、通信、電腦、情資、監視及偵蒐 (C4ISR) 系統。

6. 初始建置及性能升級通訊區域的主控站臺 (Communications Area Master Stations; CAMS)，以有效支援新的與性能升級的設備間的系統銜接性。

7. 啟動配有硬體與軟體的後勤支援站點性能升級作業，其中包括有整合產品資訊環境 (Integrated Product Data Environment; IPDE) 及後勤資訊管理系統 (Logistic Information Management System; LIMS) 的預先製成之前導型產品 (Pre-production Prototype) 等。

8. 依據海岸防衛隊的任務需要，進行垂直起降式無人操控航空載具 (VUAV) 的分析及細部設計作業。在第一個五年間，交付配有控制臺

的 8 架航空器。

9. 更新升級位於摩比爾市 (Mobile) 航空訓練中心 (Aviation Training Center; ATC) 的模擬訓練機裝置性能。

當該深水計畫系統完全建置實施時，在勤務作業有效性及成本降低等方面所獲致的增益，會隨著實施時程的增加而更形發揮出來。海岸防衛隊選擇海軍分析整合深水系統資產設備評估工具中心 (Center for Naval Analysis IDS Asset Assessment Tool; CIATT)，以進行勤務作業有效性的量化評估。根據海軍分析整合深水系統資產設備評估工具中心 (CIATT) 的電子模式化數據資料，在整個計畫實施的過渡期程內，有關區域性的搜尋、辨識及執行案件績效，呈現出穩定增加的趨勢。在代表最終執勤能量的總合成功執行起訴案件中，遠較傳承系統效能，提昇 4.9 至 7.0 倍不等。並且該整合深水系統 (IDS) 的目標宗旨為將資源集中在高價值目標上，以壓縮監視、偵察、分類、辨識及執行 (SDCIP) 任務作業程序，進而提供更有效率的執行任務時間。

除海軍分析整合深水系統資產設備評估工具中心 (CIATT) 外，勤務作業有效性的實際應用效能評估作業，是從海軍作戰模式為基準，並且特別為深水計畫 (IDS) 量身訂作的一個更具彈性、以或然率為基礎的戰場及作戰行動模式 (Theater and Campaign Model)，稱之為海軍水面作戰模擬—和平時期的接戰模式 (Naval Surface Simulation-Peacetime Engagement; NSS-PE)，以實施之。依據模式化與模擬主計畫 (MSMP)

中所定義的海岸防衛隊的任務有效性評量 (MOEs) 制度，該整合深水系統 (IDS) 性能表現被模式化且檢視，並且在關鍵任務範圍項目中，再次證明其較傳承資產系統獲致更好的績效成果。事實上，該性能評估模式將被持續改善且應用，並且在資金經費、技術及任務型態等因素變更驅使下，不斷支援調整設置實施方法，以其順利達成勤務作業有效性的評估工作。

至於在其他與傳承系統的效能比較上，尤其是整體執勤能量方面，該整合深水系統 (IDS) 建置完成階段後，將由一為數 33 艘新型設計建造的主要巡防艦隊，以創造增加百分之八主要巡防艦的任務工作天數。並且每年深水計畫的巡邏艇工作時數，亦較傳承系統約增加將近百分之七十八以上的工作時數，同時亦使用更為大型化、更俱執勤能量的巡邏快艇設備。使用較少的 20 架有人操控航空器將增加約百分之二的有人操控航空器服勤時數 (Manned Aircraft Operating Hours)，然而更重要的是，另外每年增加有 95,300 小時的空偵時數是由無人操控航空器 (Unmanned Aircraft) 所擔負，因此導致總合航空偵巡能量較傳承系統，增加將近百分之八十以上。

整合海岸防衛隊設備系統 (ICGS) 計畫持續採行一個積極投資計畫，以有效降低實現深水系統設置風險。在執行計畫第二階段時，整合海岸防衛隊設備系統 (ICGS) 已經投入超過 5,500 萬美金經費於合約範圍外的準備工作，並且在第一個五年的基本合約期限內，持續投資，以有效減少執行計畫風險。至於該經費投資所集中重點範圍，涵括有

指揮管制的應用軟體、整合模式與模擬工具 (Integrated Modeling and Simulation Tools)、造船複合材料，及模組化的造船生產作業 (Modular Ship Production) 等，詳請參看圖七所示。另外，在無需花費經費情況下，一個先導型的情報資料匯集中心將提供給海岸防衛隊，以供為在第二階段實施期間內，評估若干尖端潛力科技融入能量 (Potential Technology Insertion Capability) 的重要幕僚後盾。

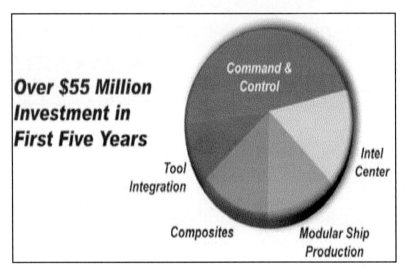

在第一個五年期內，將投資超過美金 5,500 萬元經費於指揮管制、應用軟體、整合模式與模擬工具、造船複合材料，及模組化的造船生產作業等。

圖七　深水計畫實施第一個五年期內的投資預算經費分佈圖
（資料來源：E. Gilbert and G.R. McGuffin, 2002）

再者，雖然該整合深水系統 (IDS) 所涵蓋內容範圍極為包羅萬象，卻保有軍事、海事及多元任務等海岸防衛隊的特質。事實上，在海岸

防衛隊的指揮管制組織架構上，並無任何改變的提議方案。正如前述所言，與新的商業作業程序及新的上線應用設備等相結合，以致嶄新的後勤支援哲學理念及作業程序均可被期待採行實施。並且無論計畫發生任何改變，其將會透過彼此演進合作夥伴關係的共同協議 (Mutual Agreement)，以實踐之。無論如何，該計畫作業概念將不會過早或戲劇化的裁減編制人員，並且該作業過程亦不致威脅到海岸防衛隊的核心領導競爭能力，及後勤支援系統的管理與控制等作業。

新式設備僅需要較少數的編制人員，即可進行系統操作及維保等工作，因此，舊有傳承設備勢將逐漸被淘汰，新式設備則將逐漸替換上線運作，整合深水系統 (IDS) 所需要的人員數量，將會逐漸全面性縮減，詳請參見圖八所述。無論如何，實際經驗顯示，當原本承諾的岸際基礎建設 (Shore Infrastructure) 計畫，嚴因為預算經費或其他問題等因素，無法被順利提供時，最少的編制人員計畫勢將擱淺，以致無法實現。因此，該輔助支持的岸際基礎建設必須被確實提供為宜。

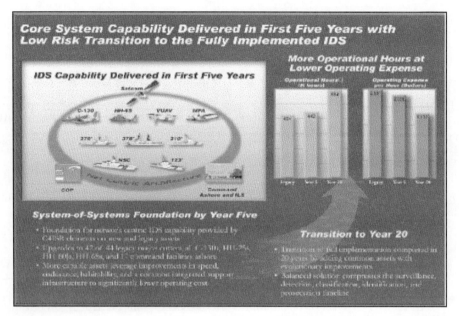

1. 在較低年度勤務作業費用支出，創造較多出勤作業時間。2. 第一個五年期內的多系統的系統構想基礎：更新新舊設備的 C4ISR 系統元件，以建構深水計畫網路中心作業基礎。更新現有 44 種海巡設備資產中的 42 種，及 17 種岸上指揮管制設施。改善提昇在航速、續航力及適居性等設備功能，及共通整合支援基礎建設，明顯有效降低執務作業成本。3. 廿年轉型期內作業要務：透過漸次提昇共通功能設備，直到廿年全完成面建置轉型作業。均衡壓縮海巡執法的監視、偵察、分類、辨識及執行等標準作業時程。

圖八　在低風險轉型直至全面建置完成深水計畫構想下的第一個五年期內所能提供的核心系統能量

（資料來源：E. Gilbert and G.R. McGuffin, 2002）

七、未來發展願景

在合約授與簽署後，最為重要的執行事項即是如何有效搭配合約簽署的先期準備，進行預先規畫及人力物力投資等 (Advance Planning and Investment) 作業。根據在第二階段中有關海岸防衛隊需求提案書 (RFP) 裏所要求的若干重要細節項目，提供具體的系統設計、執行測試、後勤支援、經費成本，及在計畫專案實施時，確實降低風險等。在優於這些計畫要求條件下，整合海岸防衛隊設備系統 (ICGS) 承諾追加額外投資，以確保在合約生效的第一天 (Day One of the Contract)，即能迅速啟動計畫作業。整合海岸防衛隊設備系統 (ICGS) 研訂開發一套「初始百日工作計畫」(First 100 Day Plan)，以確保包含有第一項專案工作及應交付訂單文件的有效啟動作業。

假設系統提案為一套基於先前備妥的需求提案書 (RFP)、系統性能規範 (SPS)、模式化與模擬主計畫 (MSMP) 及實驗測試計畫 (LAB 2002) 等的系統籌獲文件，那當然確定期望，不僅是舊傳承海岸防衛隊系統設備，或者是同等重要地因應國際事件所變動的國家與海岸防衛隊等優先順序之最新資訊，將需在系統的設計、建構及執行實踐等衝擊層面上進行審慎檢視。所倖者地，大部份整合海岸防衛隊設備系統 (ICGS) 所達成初步努力成果，尤其是在有關國家安全倡議 (Homeland Security Initiatives) 部份，預測可能變動情況，應用系統工程及管理作業方法，以執行及處理這些相關變動。額外情報蒐集 (Additional

Information Gathering) 將是相當必要的，因此整合海岸防衛隊設備系統 (ICGS) 計畫與海岸防衛隊計畫成員，進行更為緊密的合作關係。

最為重要且被期待必需改變的即是在簽訂合約相互溝通議定書 (Contract Communications Protocol) 方面。在透過競爭的過程階段，為求公平競爭及籌獲法規等因素，相互溝通作業被適當限制起來。雖然政府與合約廠家間的相互溝通總被法規所管制，但當此一合約在西元二〇〇二年六月廿五日簽訂後，其被期望能在兩造之間，有更多開放對話 (Open Dialogue) 機會，能合作夥伴間有更熱烈適切的溝通活動。在此一互蒙其利的雙贏環境中，存在有檢核、瞭解及精研計畫構想等機會，或許更進一步的加強系統能量。無論如何，再行審慎斟酌調整解決方案，或許可以獲致更好的成果。

八、預期策略管理作為

對於每一個決定而言，亦均備有替代方案。對於該計畫中所作成數以千計中之一的設計決定時，亦均有數千個替代方案被審慎檢視過。為求在達成勤務作業有效性 (OE) 及總合費用成本 (TOC) 等共同目標間取得平衡，並且在現有預算經費限制條件 (Budget Constraints) 下，需要相當的斟酌取捨與折衝妥協。該整合海岸防衛隊設備系統 (ICGS) 的主要目標，即採用一套嚴謹的、能證實的方法及作業程序，以執行這些商業活動及作成若干決定，以便長時間向社會大眾、行政部門及國會等有

所交待說明，並且受到正面持續支援。

　　雖然深水計畫的構想提出是在九一一攻擊事件發生之前，但諸多深水計畫構想中的任務執行項目，將直接轉移適用到國土安全 (Homeland Security) 領域上。換句話說，深水計畫構想並未考慮到現今實際情況，並且其或許可能必需結合現今情況，進行同步修正。無論如何，該深水計畫的基本前提仍是確實有效的，並且此一建置系統將能夠在海岸防衛隊中有效運用，尤其是在國土安全方面。

　　另外，尚有相當機會存在於其他海岸防衛隊系統中，諸如其被設計能夠在內陸及濱海沿岸環境中執勤。該港口及水道安全系統 (Ports and Waterways Safety System; PAWSS) 亦在合約內容中且亦被守護起來。另有關國家災難應變系統 (National Distress and Response System; NDRS) 正在進行提案評估階段，期待在西元二○○二年九月間正式招標授與。這些系統亦提供許多相同執勤能量，尤其是在深水系統中所提供的指揮與管制等功能項目。無論如何，現今存在有一個極好機會，可以鏈結這些深水系統資源，並且進行擴大分享相關執勤及支援情報等。這不僅可改善勤務作業有效性，亦同樣能改善裝備可用性及後勤支援作業等。

　　深水計畫促使海岸防衛隊，得以遂行「國家艦隊」(National Fleet) 的使命。同時現今海岸防衛隊正積極掙扎努力，以期能成為與海軍協同水面佈署的有效作戰夥伴，但深水計畫將會改變現今窘境。事實上，該深水計畫將提供現今市場科技的功能載臺，並且擁有必要速度性、敏捷性，及協同美國海軍部屬與危機應變的勤務彈性等。總括而言，深水系

統計畫將促使海岸防衛隊的編制裝備，從先前分散式個別功能載臺為中心 (Fractured Platform-centric) 的勤務作業型態，轉換成為鏈結式集體網路為中心型態 (Linked Network-centric) 的「多系統的系統」概念。

深水計畫系統構想要求能夠與美國海軍及北大西洋公約聯盟 (NATO Allies) 等友軍，建立全方位的協同作戰能量，諸如在指揮、管制、通信、電腦、情資、監視及偵蒐 (C4ISR) 系統架構方面。國家安全巡邏艦 (National Security Cutter) 將被設計成為淺吃水的戰艦船型，以適用於低威脅程度環境下，執行危機應變處理及較小規模意外事件 (smaller Scale Contingency Missions) 等任務。並且其將擁有與海軍水面作戰艦協同作業能量，以便補強海軍的全方位作戰能量。無論如何，海軍早已參與，並且未來仍將持續是為深水計畫中的主動工作夥伴，尤其在測試與評估、技術專長、需求規範研擬、研究與發展，及成本分析等方面。

雖然籌獲策略的確認及深水計畫的需求等總為最受關切的課題。然而適切的研究工作努力，以確保公共利益正被順利滿足。在西元一九九九年十二月間，針對海岸防衛隊所扮演角色與任務項目，跨機關專案工作小組提出一份總結報告，名稱為「廿一世紀的海岸防衛隊」 (A Coast Guard for the Twenty-First Century)。至於該報告的主要內容策重於國家未來長程所面對的海事議題，及在西元二○二○年代時，海岸防衛隊期望執行任務所可能遇到的環境挑戰等。並且該報告亦具體勾勒出在進入廿一世紀後，海岸防衛隊仍將持續扮演支援國家政策及目標的

重要角色及任務等範圍。最終該專案工作小組共同研討獲致六大結論，以確認海岸防衛隊所扮演角色與任務項目，及其所規畫籌獲的深水計畫等，略述如下：

1. 在進入廿一世紀中，海岸防衛隊所擔任角色及法定任務，仍將持續支援國家政策及任務目標等。

2. 美國將持續需要一個有彈性的、適應力強的、符合多種任務功能的、軍事紀律化的海岸防衛隊，以期在進入下一個世紀時，仍可滿足國家利益及任務需求等。

3. 為求有效防備未來的不確定因素，海岸防衛隊應該被重新建置，以期能彈性適應未來的實際環境。

4. 為求保持其已建立的優越聲譽，成為聯邦政府最有效用及有效能的組織之一，海岸防衛隊應該繼續追求新的方法及科技，以強化其執行重要任務的能力。

5. 重置海岸防衛隊的深水計畫設備能量，即是國家近程的優先發展要項。

6. 最終證實深水計畫為一種嚴謹確實方法，並且跨機關專案工作小組強烈背書認可其執行作業流程及計畫時程等。

截至目前為止，整合深水系統 (IDS) 計畫的預算經費支援極為穩固，尤其在籌獲、建造及改善 (AC&I) 等計畫項目上，依據一九九八會計年度為基準，每年均可分攤美金五億元之譜。此一預算經費既不是提

供應急之道，也不是承認海岸防衛隊立即績效卓著，無論如何，這是一個好的開始。資金的撥用支援即是計畫建置時程表的主要驅動力。假若加速資金的提供支援，則將會擁有足夠能量，以更快速度達成計畫終極目標。

在本論文中，工作團隊嘗試在籌獲文件所提供指導原則下，突顯該提議方案為最合宜的，尤其是在其所強調的勤務有效性、總合費用成本，及作業費用支出 (OE) 與籌獲、建造及改善 (AC&I) 等概念性資金供給分配表的限制。在其提案中，整合海岸防衛隊設備系統 (ICGS) 在諸多目標尋求平衡點，並且遊走在達到目標與風險的一線間。在強調適應任何需求變化條件上，該深水計畫所提供解決方法擁有足夠彈性，以因應任何環境變遷的。

在過去 5 年間，我們曾多次注意到，該工作團隊對於海岸防衛隊的人員，提供殫精竭慮的努力成果，並且所獲得的回應亦是特別熱烈及有幫助的。在海岸防衛隊的深水計畫辦公室的指導方針下，整合海岸防衛隊設備系統 (ICGS) 將繼續推展計畫工作。該深水系統必須透過使用者的正常指揮系統鏈，所提供優質可靠的輸入資料為基礎，藉以改善提昇效能。整合海岸防衛隊設備系統 (ICGS) 期待此種必要的意見交換之工作方式。同時，整合海岸防衛隊設備系統 (ICGS) 亦被完全委託，以確保海岸防衛隊的成功表現，並且期盼在未來多年計畫實施間，仍持續與海岸防衛隊成為的良好工作夥伴。最終，該整合海岸防衛隊設備系統 (ICGS) 謹遵工作信條：「隨時備妥、待命出勤」(Always Ready, Always

There)，以確保計畫順利成功。

九、結論與建議

1. **領導階層政策支持**：布希總統明白評論：『海岸防衛隊的「深水計畫」將可獲得一個為期多年的工程合約，以汰換取代性能老舊的船舶及航空器，並且提昇通信及分享資訊等效能。因此該整個計畫的終極目的在於向外擴展延伸我們的管轄海域疆界，藉以提供我們更多時間辨認威脅，及更多時間予以應變。』長期以來，在國家行政優先順序考量的動態變動中，海岸防衛隊未來工作成效實繫於該深水計畫的未來建置成功與否。

　　無論如何，該深水計畫的目標能量旨在於近海沿岸及離岸遠洋等海域環境中，確認及維持海岸防衛隊能適時存在執勤，並且進行必要的應變及處理等作為。當相信提議解決方案為一適宜正確做法，因此其亦將與所有現存機會與限制相形相生，並且該提議方案本身是俱有可變彈性的，被設計於隨動態變化任務、新科技、改變國家行政優先順序考量，及實際預算經費等因素，而同步不斷動態演進與適應。

2. **研擬計畫目標及任務需求規範**：正當任務分析報告及任務需要規範說明等籌獲計畫所必要文件進行發展階段時，許多的重要考量議題被漸次開發，並且最終確認容納於該籌獲計畫中。至於這些一干關鍵議題概括有設備老舊與功能衰退、執勤能量限制、後勤需

求、績效落差、國家需求及預算現況等。總括而言,該「籌獲規範」內容說明涵括有系統層次的執勤能量部份,勤務表現的有效性評量,以進行全面性的績效評估作業。在海岸防衛隊的需求提案書中說明:「政府將授與決標廠家此一工程專案合約,其提案書內容能提供,包括有執勤有效性、總費用成本、管理能量及技術可行性等的最適價值。」

3. 創新開放兩階段籌獲作業:該深水計畫概區分為兩大階段,即(1) 進行深水計畫系統的概念及機能設計等工作。(2) 工程決標後的深水計畫系統建置實施作業。海岸防衛隊亦有兩份最高指導原則的籌獲計畫文件,即系統性能規範,及模式化與模擬主計畫。因此海岸防衛隊亦提供一套針對作業費用支出,與籌獲、建造及改善等預算的概念性資金供給分配表。並且該深水計畫系統明白揭示四大主要評估因素,以其重要性大小順序排列即為執勤有效性、總費用成本、管理能量及技術可行性等。

該整合海岸防衛隊設備系統成為整合深水系統第二階段的主要合約廠家,因其能發展出最俱有能力及有效方法,以管理該大規模「多系統的系統」整合計畫。並且該管理哲學必須與海岸防衛隊結合成工作夥伴的關係,以共同管理該將從現有傳承系統,轉型至未來嶄新整合深水系統的二十年伴隨過渡時期之所有改變狀況。在第一階段工作全程期間,整合海岸防衛隊設備系統採行「開放商業模式」構想,以選擇其他公司的專門技術及科技產品等。該開放模式

概念可容許借由最小化的工作量分享保證，以激發最大化的產業廠家間競爭行動，從而以最可負擔的價格費用，獲得「最佳」的系統解決方案。

4. **籌組專業人力資源**：無論如何，有效結合持續不斷鑽研努力，以深入確認所有提案意見，此一工作概念即確保充份瞭解海岸防衛隊所面臨真實工作情況，及計畫的真正需求。因此聘用若干海岸防衛隊已退休人員，組成核心工作小組，並且採行自由特許合約條件，招募參與深水計畫工作，其用意在於：「尋找最佳人選，以協助深入瞭解海岸防衛隊及其所迫切需要。工作團隊決心競標成功，以提供海岸防衛隊最適可行設備系統，因此相信全面性的瞭解顧客需求是極為重要的。」

5. **計畫作業控管及風險管理計畫**：產業團隊的系統工程流程作業最為重要的，即是斟酌取捨研究及額外附加分析等工作，以有效支援設計概念。至於其中若干重大工作事項，諸如海域巡邏航空器的擇用、巡邏艇、水面整合力量、船艉斜面滑道及航空支援的船舶運動、船員工作負荷及疲勞研究，以支持船員編制規模的建議、可替代性船員概念等。並且計畫控管是應用風險管理計畫、下游合約廠商管理計畫及獲利管理系統等，以確保系統可安全順利運作推展。該整合深水系統的建議提案內容組成涵括四大部份，即 (1) 傳承系統設備的功能升級作業。(2) 指揮、管制、通信、電腦、情資、監視及偵蒐系統。(3) 新系統資產設備。(4) 整合服勤作業。

6. **獲利管理系統作業**：在為期 20 年間的整合深水系統設置實踐中，整合海岸防衛隊設備系統提供勤務作業有效性的穩定增加及作業費用支出的均勻減少。在第一個 5 年為期合約中，相較於先前傳承系統，現行設計方案產生明顯重大效益。當該深水計畫系統完全建置實施時，在勤務作業有效性及成本降低等方面所獲致的增益，會隨著實施時程的增加而更形發揮出來。海岸防衛隊選擇海軍分析整合深水系統資產設備評估工具中心，以進行勤務作業有效性的量化評估，並且其電子模式化數據顯示，在整個計畫實施過渡期程內，有關區域性的搜尋、辨識及執行案件績效，呈現出穩定增加趨勢。在最終執勤能量的總合成功執行起訴案件中，遠較傳承系統效能，提昇 4.9 至 7.0 倍不等。

7. **績效評估管理作業**：至於在其他與傳承系統的效能比較上，尤其是整體執勤能量方面，該整合深水系統建置完成階段後，將由新型設計建造的主要巡防艦隊，可增加百分之八任務工作天數。並且每年深水計畫的巡邏艇工作時數，亦較傳承系統約增加近 78% 以上工作時數。使用較少有人操控航空器，增加約 2% 有人操控航空器服勤時數，另外每年增加由無人操控航空器所擔負的 95,300 小時空偵時數，因此總合航空偵巡能量遠較傳承系統，增加將近 80% 以上。

整合海岸防衛隊設備系統計畫持續採行一個積極投資計畫，以有效降低實現深水系統設置風險。在執行計畫第二階段時，整合海

岸防衛隊設備系統先行投入超過美金 5,500 萬經費於合約範圍外準備工作，並且在第一個五年基本合約期限內持續投資，以有效減少執行計畫風險。至於其投資的主要重點範圍，涵括有指揮管制的應用軟體、整合模式與模擬工具、造船複合材料，及模組化的造船生產作業等。另外，在無需花費經費情況下，一個先導型的情報資料匯集中心將提供給海岸防衛隊，以供為在第二階段實施期間內，評估若干尖端潛力科技融入能量的重要幕僚。

8. 專案需求提案、系統性能規範、實驗測試計畫、斟酌取捨研究及額外系統工程分析等作業典章制度建置：在合約簽署後，最重要執行事項即是，如何有效搭配合約簽署的先期準備，進行預先規畫及人力物力投資等作業。根據在第二階段中有關海岸防衛隊需求提案書裏所要求的若干重要細節項目，提供具體的系統設計、執行測試、後勤支援、經費成本，及在計畫專案實施時，確實降低風險等。假設系統提議方案為一基於先前備妥的需求提案書、系統性能規範、模式化與模擬主計畫及實驗測試計畫等的系統籌獲文件，那當然確定期望，不僅就傳承海岸防衛隊系統設備，或者同等重要地，因應國際事件所變動的國家與海岸防衛隊等優先順序之最新資訊，均將需在系統的設計、建構及執行實踐等衝擊層面上進行審慎檢視。

雖然深水計畫構想提出是在九一一攻擊事件發生之前，但諸多深水計畫構想中的任務執行項目，將直接轉移適用到國土安全領域

上。換句話說，深水計畫構想並未考慮到現今實際情況，並且其或許可能必需結合現今情況，進行同步修正。另有關國家災難應變系統正在進行提案評估階段，期待未來正式招標授與。深水計畫促使海岸防衛隊，得以遂行「國家艦隊」的使命，並且協同美國海軍部屬與危機應變的勤務彈性等。

9. **尖端科技融入可行性研究**：美國「廿一世紀的海岸防衛隊」報告內容策重於國家未來長程所面對的海事議題，及在西元二〇二〇年代時，海岸防衛隊期望執行任務所可能遇到的環境挑戰等。並且該報告亦具體勾勒出共同六大結論，即 (1) 持續支援國家政策及任務目標等。(2) 持續需要一個有彈性的、適應力強的、符合多種任務功能的、軍事紀律化的海岸防衛隊，滿足國家利益及任務需求等。(3) 有效因應未來不確定因素，以彈性適應未來環境。(4) 海岸防衛隊繼續追求新方法及科技，以強化執行任務能量。(5) 重置海岸防衛隊的深水計畫設備能量，即是國家近程的優先發展要項。(6) 證實深水計畫為一嚴謹確實方法，並且強烈背書認可其執行作業流程及計畫時程等。

10. **預算編列分配供給**：整合深水系統計畫預算經費支援極為穩固。此一預算經費既非提供應急之道，亦非承認海岸防衛隊立即績效卓著，無論如何，這是一個好的開始。資金的撥用支援即是計畫建置時程表的主要驅動力。假若加速資金的提供支援，則將會擁有足夠能量，以更快速度達成計畫終極目標。在籌獲文件所提供指導

原則下，工作團隊嚐試突顯該提議方案為最合宜的，尤其是在其所強調的勤務有效性、總合費用成本，及作業費用支出與籌獲、建造及改善等概念性資金供給分配表的限制。在其提案中，整合海岸防衛隊設備系統在諸多目標尋求平衡點，並且遊走在達到目標與風險的一線間。在強調適應任何需求變化條件上，該深水計畫所提供解決方法擁有足夠彈性，以因應任何環境變遷的。

11. 積極敬業工作態度：正如前述所提，工作團隊自始至終全力投入，並且結合包括從不同專業背景的退休海岸防衛隊人員，共同參與其中。大多數人員直接為公司工作，即構成整合海岸防衛隊設備系統團隊的主要基礎，至於其他部份人員或從近似全職工作至偶爾專案參與等不同方式，擔任顧問諮詢工作。毫無意外地，我們亦深切相信整合海岸防衛隊設備系統能贏得計畫合約的主要部份應歸功於海岸防衛隊的工作人員的積極努力成果。尤其是在早期計畫推展時期，工作團隊中少數退休人員的努力引領，貢獻至極。

　　姑且不顧從多方面所投注潮湧般懷疑論點，幸賴數位卓越眼光及堅定想法的司令指揮官，海岸防衛隊成功定義其計畫需求，成功執行籌獲，備妥適時適切的資金供給，以有效支援主要資產設備的投資建置。無論如何，這是非常重大的成就。從早期漢彌爾頓部長提案倡議年代，眼前所見盡是波濤洶湧海況及凶險淺灘，隨著時光逝去從過去到現在，深水籌獲計畫逐步推展建置。至於未來勢將亦如往常一般按部就班實施，這一切終歸是海岸防衛隊人員的可期機

會，而非障礙，應當全力以赴，開創新局。

12. **團隊合作樂群精神**：海岸防衛隊早已自認為一個「家庭」式組織，亦即是單位諸多優勢的其中之一，但該家庭式組織的高度發展後，卻會自然形成特有組織文化，以致排擠其他人員加入參與趨勢。現今海岸防衛隊擁有一個新工作夥伴，並且此一工作夥伴對於計畫推展成功極為重要。因此該整合海岸防衛隊設備系統必需確實融入此一海岸防衛大家庭組織。並且在海岸防衛隊的工作環境中，一起共同努力，以確保深水計畫能夠順利成功。

從美國國家領導階層政策支持、主管部會首長明確理念、司令指揮官貫徹堅持、深水計畫目標研擬、任務分析報告、任務需要規範說明、執勤設備能量需求規範、開放兩階段籌獲作業、計畫實施控管、風險管理計畫、下游合約廠商管理計畫、獲利管理系統、績效評估管理、工作團隊人才招募、專業人力資源籌組、積極敬業工作態度、人力投資規畫、需求提案書、系統性能規範、實驗測試計畫、斟酌取捨研究、額外系統工程分析、尖端科技融入可行性研究、預算編列分配供給，及各參與單位的團隊合作樂群精神等的整合系統之工作方法，應可得窺先進國家的計畫工作基礎建設規模。至於在海巡應用科技設備的汰舊換新目標規畫、預算編訂、計畫控管、績效管理、典章制度建置、專業人力培訓及執行評估管制等作業方面，未來我國海岸巡防機關如何策進作為，應可有所借鏡美國海岸防衛隊的深水計畫內涵及工作態度，竭力迎頭趕上，正待當代有志同好淬勵共勉之。

參考文獻

1. RADM M. Edward Gilbert (Ret.) and CAPT Gary R. McGuffin (Ret.), *The Deepwater Challenge-Integrated Coast Guard System's Approach*, Vol. 64, Special Edition Deepwater Supplement, The Bulletin, Fall 2002, p2-5.

2. 吳東明及李昌原，重建美國海岸防衛隊執勤能量的整合深水系統計畫概述，第八六一期，船舶與海運雙週刊，中華海運研究協會，中華民國九○年七月，頁七○至七七。

3. United States Coast Guard, Business Review-Coast Guard Pacific Area, January 1998, p2-12.

4. United States Coast Guard, Coast Guard 2020, United States of America, May 1998, p2-11.

5. 吳東明，美國海岸防衛隊前瞻廿一世紀任務藍圖，第卅五卷，第九期，海軍學術月刊，中華民國九○年九月，頁一七至三○。

6. 吳東明及歐凌嘉，深水計畫─提昇廿一世紀美國海岸防衛隊海域執法效能的關鍵，第卅七卷，第九期，海軍學術月刊，中華民國九二年九月，頁一九。

7. Anderson, M., Burton, D., Palmquist, M.S., Watson, J.M., The Deepwater Project-A Sea of Change for the U.S. Coast Guard, Naval Engineers Journal, May 1999, p.125-131.

8. 吳東明及歐凌嘉，深水計畫─提昇廿一世紀美國海岸防衛隊海域執法效能的關鍵，第卅七卷，第九期，海軍學術月刊，中華民國九二年九月，頁一七至二○。

9. 李志平，我國海事國土保安機制建構之研究─美國之啟示，水上警察研究所碩士論文，中央警察大學，中華民國九五年六月。

10. 吳東明及王霈楓，國際間區域性港口國管制制度的實施現況及研究發展一我國海岸巡防署的海巡執法因應作為之邏輯思維，第一卷，第二期，執法新知論衡，中央警察大學，中華民國九四年十二月，頁一二〇至一二二。

11. 吳東明及江東興，我國海岸巡防署海洋巡防總局船務管理作業的借鏡一美國海岸防衛隊邁向廿一世紀船艦工程管理願景，第卅二卷，第一期，警學叢刊，中央警察大學，中華民國九〇年七月，頁一至三〇。

12. 吳東明，警艇初步設計的作業流程及實務論析，第卅一卷，第三期，警學叢刊，中央警察大學，中華民國八九年十一月。

13. United States Coast Guard, Maritime Law Enforcement Manual, U.S.C.G. Commandant Notice 16247, 2004.

14. 吳東明及黃宣凱，邁向廿一世紀美國海岸防衛隊的任務精實計畫研析，第卅六卷，第八期，海軍學術月刊，中華民國九一年八月，頁二四至三七。

15. RADM M. Edward Gilbert (Ret.) and CAPT Gary R. McGuffin (Ret.), *The Deepwater Challenge-Integrated Coast Guard System's Approach*, Vol. 64, Special Edition Deepwater Supplement, The Bulletin, Fall 2002, p10.

16. Truver, S.C., Streamlining Blunt the US Coast Guard Cutting Edge, JANES Navy International Transaction, September 1999, p38.

17. RADM M. Edward Gilbert (Ret.) and CAPT Gary R. McGuffin (Ret.), *The Deepwater Challenge-Integrated Coast Guard System's Approach*, Vol. 64, Special Edition Deepwater Supplement, The Bulletin, Fall 2002, p11-12.

18. RADM M. Edward Gilbert (Ret.) and CAPT Gary R. McGuffin (Ret.), *The Deepwater Challenge-Integrated Coast Guard System's Approach*, Vol. 64, Special Edition Deepwater Supplement, The Bulletin, Fall 2002, p12-13.

19. RADM M. Edward Gilbert (Ret.) and CAPT Gary R. McGuffin (Ret.), *The Deepwater Challenge-Integrated Coast Guard System's Approach*, Vol. 64, Special Edition Deepwater Supplement, The Bulletin, Fall 2002, p14-15.

20. 吳東明及李昌原，可靠度導向式的維修保養制度之個案研究─以美國海岸防衛隊赫利號破冰船為例，第卅五卷，第六期，警學叢刊，中央警察大學，中華民國九四年五月，頁八五至一〇六。

21. 吳東明及周志昌，船舶品質資訊系統的產業建置發展與海巡任務應用之先導型研究，第卅六卷，第二期，警學叢刊，中央警察大學，中華民國九四年九月，頁一〇七至一三〇。

22. 盧水田等，船舶管理及安全，航行員晉升訓練叢書，交通部船員訓練委員會，中華民國八三年六月，頁二三八。

23. 吳東明及王需楓，國際間區域性港口國管制制度的實施現況及研究發展─我國海岸巡防署的海巡執法因應作為之邏輯思維，第一卷，第二期，執法新知論衡，中央警察大學，中華民國九四年十二月，頁一二〇至一二二。

24. 吳東明及江東興，我國海岸巡防署海洋巡防總局船務管理作業的借鏡─美國海岸防衛隊邁向廿一世紀船艦工程管理願景，第卅二卷，第一期，警學叢刊，中央警察大學，中華民國九〇年七月，頁一至三〇。

25. RADM M. Edward Gilbert (Ret.) and CAPT Gary R. McGuffin (Ret.), *The Deepwater Challenge-Integrated Coast Guard System's Approach*, Vol. 64, Special Edition Deepwater Supplement, The Bulletin, Fall 2002, p15-16.

26. RADM M. Edward Gilbert (Ret.) and CAPT Gary R. McGuffin (Ret.), *The Deepwater Challenge-Integrated Coast Guard System's Approach*, Vol. 64, Special Edition Deepwater Supplement, The Bulletin, Fall 2002, p17-18.

27. 吳東明及黃宣凱，邁向廿一世紀美國海岸防衛隊的任務精實計畫研析，第卅六卷，第八期，海軍學術月刊，中華民國九一年八月，頁三二至三三。

28. Botelho, R., Maritime Security: Implications and Solutions, Sea Technology Journal, March 2004, p15-18.

29. Office of Homeland Security, National Security for Homeland Security, White House, United States of America, 2002.

30. United States Coast Guard, The U.S. Coast Guard Maritime Strategy for Homeland Security, Department of Homeland Security, United States of America, 2002.

31. 吳東明及柯兩瑞，美國海事運輸及港口保安法制對我國之啟示－以美國 2002 年海事運輸保安法為中心，第十一屆水上警察學術研討會論文集，中央警察大學，中華民國九三年十一月。

32. 吳東明，美國海岸防衛隊前瞻廿一世紀任務藍圖，第卅五卷，第九期，海軍學術月刊，中華民國九〇年九月，頁二四。

33. Anderson, M., Burton, D., Palmquist, M.S., Watson, J.M., The Deepwater Project-A Sea of Change for the U.S. Coast Guard, Naval Engineers Journal, May 1999, p.126-128.

34. RADM M. Edward Gilbert (Ret.) and CAPT Gary R. McGuffin (Ret.), *The Deepwater Challenge-Integrated Coast Guard System's Approach*, Vol. 64, Special Edition Deepwater Supplement, The Bulletin, Fall 2002, p18-20.

A

E

海巡應用科技

國家圖書館出版品預行編目資料

海巡應用科技 ＝ Applied technology in
coast guard missions／吳東明著. ――初
版.――臺北市：五南, 2010.08
　　面；　公分
　ISBN 978-957-11-6021-4 (平裝)
　1.海防　2.科學技術
　599.41　　　　　　　　　　99011099

5I21

海巡應用科技
Applied Technology in coast Guard Missions

作　　　者 ― 吳東明

發 行 人 ― 楊榮川

總 編 輯 ― 龐君豪

主　　編 ― 穆文娟

責任編輯 ― 陳俐穎

封面設計 ― 簡愷立　吳東明

出 版 者 ― 五南圖書出版股份有限公司

地　　　址：106台北市大安區和平東路二段339號4樓

電　　　話：(02)2705-5066　　傳　　真：(02)2706-6100

網　　　址：http://www.wunan.com.tw

電子郵件：wunan@wunan.com.tw

劃撥帳號：01068953

戶　　　名：五南圖書出版股份有限公司

台中市駐區辦公室／台中市中區中山路6號

電　　　話：(04)2223-0891　　傳　　真：(04)2223-3549

高雄市駐區辦公室／高雄市新興區中山一路290號

電　　　話：(07)2358-702　　傳　　真：(07)2350-236

法律顧問　元貞聯合法律事務所　張澤平律師

出版日期　2010年8月初版一刷

定　　價　新臺幣420元